U0303500

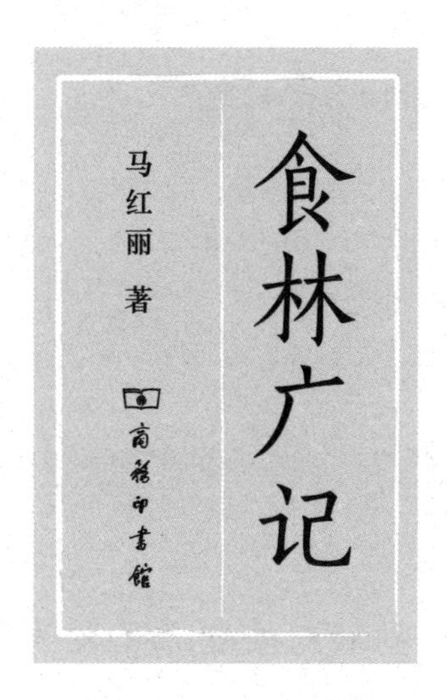
食林广记
马红丽 著
商务印书馆

图书在版编目(CIP)数据

食林广记/马红丽著.—北京:商务印书馆,2017(2018.7重印)
ISBN 978-7-100-12318-1

Ⅰ.①食… Ⅱ.①马… Ⅲ.①饮食—文化—河南省—文集 Ⅳ.①TS971-53

中国版本图书馆CIP数据核字(2016)第144632号

食林广记
马红丽 著

商 务 印 书 馆 出 版
(北京王府井大街36号 邮政编码100710)
商 务 印 书 馆 发 行
北京新华印刷有限公司印刷
ISBN 978-7-100-12318-1

2017年3月第1版 开本 880×1260 1/32
2018年7月北京第3次印刷 印张 10⅜

定价:56.00元

序

夫礼之初，始诸饮食，中原饮食文化集中国古代饮食文化之大成。《食林广记》书中所呈现的植根于中原的美食掌故、历史、人文、民俗，在茶饭之余捧读，知茶饭之所以然，亦为人生一大乐事！

作者马红丽女士，是《河南商报》首席记者。认识她始于 20 世纪 90 年代末，当时她还是跑文化线口的年轻记者。快 20 年过去了，看到她专程送给我的一沓厚厚的书稿校样，既为她的勤奋、专注、坚持而感动，也为她厚积薄发、收获之丰而欣慰。天道酬勤，斯言不虚也！

这是一部历时五载、艰难创作的美食文化集，书内大部分章节，陆续在《河南商报》“味道河南”专栏刊出，从 2009 年策划、筹备、考证开始，以部分独家报道引起境内外读者、网民铺天盖地的大讨论而暂时告一段落。这部 20 多万字的书稿，每一篇都用了至少 3 个月的时间才打磨完成。

这是一部不太符合传统叙事章法、观点也非常新颖的饮食历史图书。

作者尽可能地用现代语言去解读、钩沉曾经的历史，既突出了独家性、唯一性、文化性，又让整个系列报道好玩、有趣，“讲人话”，接地气。比如，为了了解包子的前世今生，作者花了一年时间考证“大奸臣”蔡京，其后的解读，足以颠覆大部分中国人之前对蔡京的印象；又比如，作者采访过程中偶然发现并深入挖掘的兰州牛肉面跟河南小吃的传奇渊源，实在令人叹服饮食文化的流变与人类迁徙的伟大关联。种种尝试、探索、坚持，作者自言在五年中痛并快乐着，我深以为许。

古人曾用祭祀跟天地、鬼神沟通，以药食同源感悟修身齐家，用宴乐来演示王朝的礼仪规制。中国有史可查第一次正式的宴会——夏朝的“钧台之享”，地点就在如今的河南禹州市内。吃，兹事体大，从来都不可怠慢；吃，事关国计民生、敬祖孝亲。时至今日，中国人祭拜天地、祖宗，定要供奉吃食；中国人的所有时令节日，几乎都要拿吃来说事。重大事件如海峡两岸领导人时隔66年的首次会晤，也少不了以共进晚餐推向高潮；英国王室招待习近平总书记的晚宴菜谱，也为各国媒体所竞相聚焦。

曾经的四大文明古国，只有中国绵延不绝，未曾中断，还将继续发扬光大。孙中山曾感叹中国“唯饮食一道之进步，至今尚为文明各国所不及”。往深里想，恐怕这也与中华民族的传统饮食“中”、“和”哲学不无关联。“五谷为养，五果为助，五畜为益，五菜为充，气味合而服之，以补精益气”，这个最朴素的饮食理念其实已经支撑了我们好几千年的文明史。

中国饮食是中国传统文化中不容忘却的历史记忆之一，是我们的根脉，必须要有人记录、整理，并留给我们的后世子孙。一乡一风味，一味一世界。任何一个地域的饮食，离了养育它的一方水土，便缺了温度，少了感情，丢了魂儿，吃在嘴里就不是那个味儿。《食林广记》解读菜品历史，讲故事好玩有趣，做考证又殊为严谨，文化价值与观赏性兼具；观点新颖，语言风趣，历史、人文、掌故、民俗囊括其中，是一部掌上河南乃至中国饮食文化简史。商务印书馆慧眼识金，出版它恰逢其时。

“食色，性也”，其实这是不小的一件事儿。

目　录

序（二月河）　/　i

庖人、间谍和旷世名臣　/　2

王的盛宴：烤肉、果酒而已　/　16

宫廷夜宴：酒池肉林　/　26

从成语里走出来的生鱼片　/　36

古代烧烤与平民烧烤　/　54

真正的夜市始于北宋东京　/　72

皇城根儿的骄傲　/　82

太学馒头和肉包子　/　100

菜包子和蔡京　/　112

一桶汤，一只桶子鸡　/　130

北宋开封的茶与茶坊　/　138

春节从祭灶开始　/　146

七夕，与情人无关　/　162

月饼、花糕和鲜花饼 / 170

土菜中的乡愁 / 186

洛阳的早晨从喝汤开始 / 200

炒鸡绒和三八席 / 224

一碗牛肉面的前世今生 / 244

满城尽是胡辣汤 / 260

面条，从“饼”而来 / 278

传统还能“统”多久 / 298

参考文献 / 317

后记 / 321

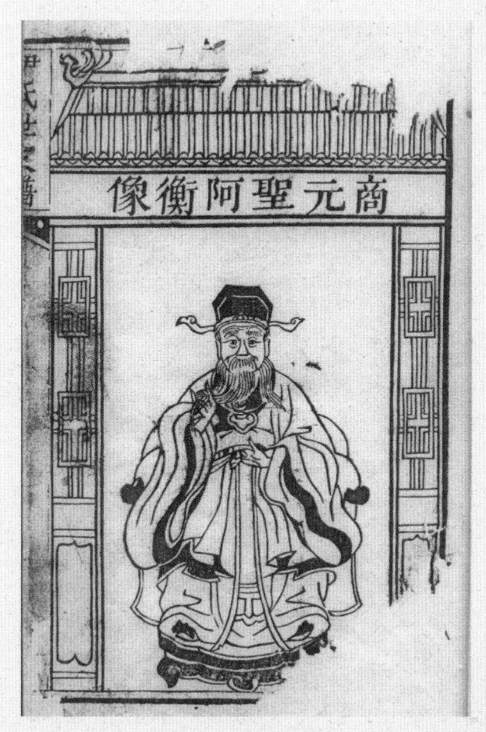

由伊尹第140代长门孙伊海誉提供的《河南杞县伊氏家谱》中的伊尹像

说起烹饪，必定要先从烹饪祖师说起，而这个烹饪祖师就是那个从奴隶到将军的传奇人物——商朝重臣伊尹。更离奇的是，这位旷世名臣还有这样几个身份：庖人（厨子）、汤药始祖、“高级间谍”。

庖人、间谍和旷世名臣

厨子

59岁的张俊昌，是土生土长的开封杞县葛岗镇西空桑村人，打记事起，他就从爷爷、父辈讲述的传说中知道自己有个了不起的同乡：旷世名臣——伊尹。

在这些不知已经传了多少代、不知原创为谁的传说中，最令张俊昌佩服的是伊尹多重身份的离奇组合：奴隶、庖人（厨子）、汤药始祖、“高级间谍”、旷世名臣，而多重身份的组合又让伊尹成为草根成功逆袭的标志性人物。

当地老辈人说，伊尹生于杞县葛岗镇西空桑村，为养家糊口，就跟着养父学厨，所以说，伊尹的本职工作其实是厨子。

据说出师后的伊尹做饭的手艺特别好，只要他家一开火，十里八村的村民们都能闻到香味，民间现在还有伊尹是厨神的说法。

擅长做饭的伊尹，后来以“五味调和”的烹饪之道延伸出治国经略，而被商汤王委以相当于宰相的职务，成为商王朝的开国元勋，完成了从奴隶到“将军”的蜕变，很有励志意义。

汤药始祖

知道神农尝百草的故事吧？可神农尝完百草后，当时并没有出现汤药，那咱们的先民是怎么吃药的？根据村里老辈人的描述，那时候，先民有了病，都是把采来的草药放在嘴里嚼嚼了事。

这样做对疾病的治疗会更有帮助吗？非也。那么多的药看似吃下去了，但形成的药力毕竟还是有限的，疗效自然就会降低；而且，当时先民们还没有明确的配伍概念（也就是今天咱们常见的将好几味中草药搭配在一起），因而草药中毒的事情屡有发生。

勤奋、爱琢磨事儿的伊尹看到这个情况，又开始琢磨了：天生万物，必然是相生相克的，譬如毒蛇出没的地方，就一定有解毒的植物出现。那么，上天既然赐予人类这么多可以治病的草药，就必然有更好的办法来解毒，让药尽其用。但要寻求解决的办法总得有人愿意当试验品啊，何况这又是有生命风险的一件事儿。左思右想，伊尹干脆拿自个儿当试验品，一遍一遍地琢磨、改进。

也不知过了多久，反正后来伊尹通过试验证明：把草药熬成汤汁喝下去，不仅易于人体吸收，也便于调节药量，使得疗效显著。并且，如果把几味草药相互搭配使用，治疗效果会更明显。

尝试成功的伊尹先是在小范围内试用，后被得到汤药疗法的民众、医家普遍推广，进而改变了先民们的用药习惯，并逐步形成后来完整的中医药体系，得以延传至今。

“间谍”

这个故事乍听起来有点儿邪乎，就跟现今流行的谍战片似的。但在当地的传说中，伊尹就是这样一个角色。

话说夏朝末年，伊尹说汤至味，讲出治国安邦的道理后，被汤重用。之后为了灭掉夏王桀，汤把伊尹派到了夏朝的都城斟鄩（有说就是今河南巩义，也有说是今山东潍坊西南）做“卧底”。

在斟鄩，伊尹不仅刺探、收集了大量核心军事情报，间或收买奸臣，搞些离间活动啥的，居然还做通了夏王桀一位失宠的嫔妃——妺喜的思想工作，并令妺喜心甘情愿地成为伊尹情报小组的核心成员。这些情报的提供，为汤制定讨伐夏桀的军事战略提供了有力的保障。

传说之外，其来有自

在这些传说中，离奇的厨子完成了那么多看起来不可能完成的离奇任务，有着近乎完美的品行和操守，还有着超高的情商和智商。

这些离奇的身份组合与离奇的故事，除了带来了更多的神秘感，给伊尹的后人、同乡带来了更多的谈资外，也给听的人，尤其是他的后人、同乡带来了更多的质疑：说得这么神，真的假的啊？历史上到底有没有这个人啊？

最初，张俊昌就是带着这样的困惑、带着这样的疑问从事伊尹研究工作的。如今，已经成了当地伊尹研究会秘书长的张俊昌，不仅通过自己的研究成果回答了当初的疑问，并且有了更多“炫耀”的资本：“历史上不仅有伊尹这个人，史料的记载更验证了我曾经听到的传说其实都来源于真实的故事，只是坊间传说肯定会有一些夸大的成分而已。”

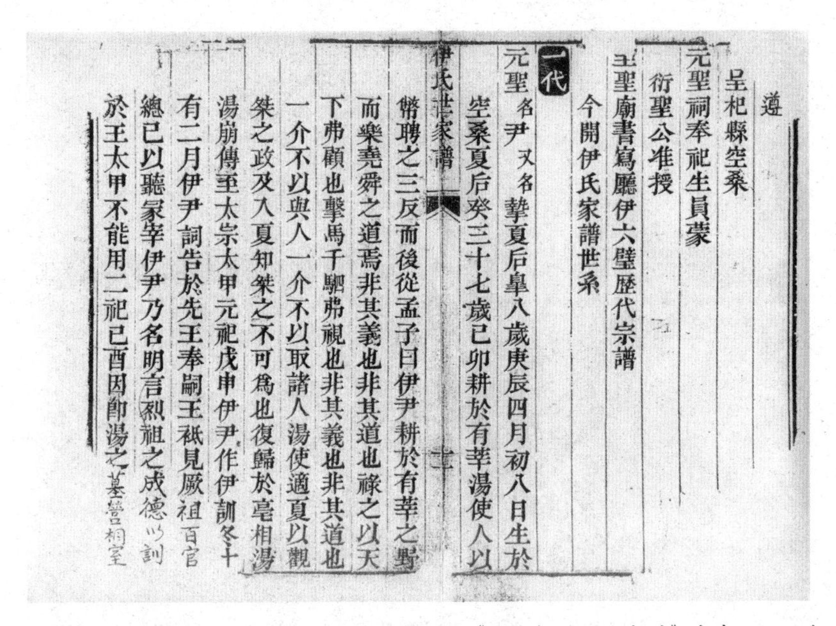

遵

呈杞縣空桑

元聖祠奉祀生員蒙

衍聖公准授

元聖廟書寫廳伊六璧歷代宗譜

今開伊氏家譜世系

伊氏世家譜

一代

元聖名尹又名摯夏后皐八歲庚辰四月初八日生於
空桑夏后癸三十七歲己卯耕於有莘湯使人以
幣聘之三反而後從孟子曰伊尹耕於有莘之野
而樂堯舜之道焉非其義也非其道也祿之以天
下弗顧也繫馬千駟弗視也非其義也非其道也
一介不以與人一介不以取諸人湯使適夏以觀
桀之政及入夏知桀之不可為也復歸於亳相湯
湯崩傳至太宗太甲元祀戊申伊尹作伊訓冬十
有二月伊尹祠告於先王奉嗣王祗見厥祖百官
總已以聽冢宰伊尹乃名明言烈祖之成德以訓
於王太甲不能用二祀已酉因節湯之墓營桐室

图为由伊尹第140代长门孙伊海誉提供的《河南杞县伊氏家谱》中有伊尹记载的一页。从家谱中可以看出，伊氏后人从汉昭烈帝时为官的第66代伊籍和魏时官拜司空的第68代伊睿起就着意于谱牒，明第120代伊思礼增修成谱，伊六璧于清嘉庆九年（1804年）重修。

诚如张俊昌所言，目前国内从事伊尹文化研究的专家、学者，分别在《尚书》、《国语》、《左传》、《吕氏春秋》、《竹书纪年》、《史记》、《帝王世纪》、《后汉书》以及马王堆汉墓帛书《黄帝书》等史料、典籍中为伊尹的存在以及伊尹各方面的才具找出了记录。

在甲骨卜辞中，伊尹是唯一能被生王隆重祭祀的前朝旧臣，享有与汤同祭的尊荣。

毛泽东曾在《讲堂录》（1913年读书笔记）中这样评价伊尹："道德、学问、经济、事功俱全，可法。伊尹生专制之代，其心实大公也。尹识力大，气势雄，故能抉破五六百年君臣之义，首倡革命。"

图为葛岗镇西空桑村高庆兰与村民自筹资金建的仅有20平方米的伊尹庙。

跟其他村子不太一样的是，在葛岗镇西空桑村，当地村民认为伊尹就是护佑他们那片家园的神。“文革”前，村里有座占地100多亩的伊尹庙，分大殿、前殿、后殿，共有25个房间，香火鼎盛。据村里老辈人介绍及当时庙里残存的碑文记载，那座伊尹庙建于商、周年间，唐、宋、明、清时，朝廷均派地方官员修缮过。“文革”开始后，伊尹庙被拆。

2003年，高庆兰和同村的几位老人按照记忆中的庙宇大殿，在村里自筹资金，建了一间仅有20平方米的小庙。高庆兰说，庙虽小了点，但村里人总算有个寄托了。

伊尹在《本味》中讲了什么?

饮食中，各类食材的特质是什么？食材之间该如何配伍才是最营养、最科学的？火候对饭菜的质地、口感又有着怎样决定性的影响？五味该怎样调和才能恰如其分地彰显食材的鲜与美？对此，3000多年前的伊尹有着精妙的论述：

烹调美味，首先要认识原料的自然性质：“夫三群之虫，水居者腥，肉玃者臊，草食者膻。臭恶犹美，皆有所以。凡味之本，水最为始。”

烹饪的用火要适度，不得违背用火的道理：“五味三材，九沸九变，火为之纪。时疾时徐，灭腥去臊除膻，必以其胜，无失其理。”

伊尹说，调味之事是很微妙的，要特别用心去掌握体会：“调和之事，必以甘酸苦辛咸，先后多少，其齐甚微，皆有自起。”

伊尹说，经过精心烹饪而成的美味之品，应该达到这样的高水平：“久而不弊，熟而不烂，甘而不哝，酸而不酷，咸而不减，辛而不烈，澹而不薄，肥而不腠。”

伊尹第140代长门孙伊海誉所绘“伊尹著本味”图。

这就是被奉为中国烹饪宝典的据传乃伊尹本人所作的《本味》篇的主要内容，收录在《吕氏春秋》第14卷。后人把伊尹尊为“烹饪始祖”，原因盖出于此。

《本味》篇不仅提出了我国也是世界上最古老的烹饪理念:“五味调和”、“火候论”，也由此奠定了中国源远流长的烹饪学的理论基础，指导着我国数千年烹饪事业的发展，并形成了自商至今，选料广泛、用料精细、工艺考究、五味调和、色香味形器俱佳的独步世界的中国菜体系，为中国烹饪学和中国菜的形成、发展做出了卓越的贡献。

在《本味》篇中，伊尹还列举了当时各地的代表食物以及动植物原料的特性。比如在最美味的肉类里，伊尹推崇的佳品有猩猩的唇、獾獾的脚掌、隽觾的尾巴肉等。

味道比较好的调料，伊尹认为是四川阳朴的姜、桂阳招摇山的桂、越骆（古国）的香菌、鳣鱼和鲔鱼肉做的酱、大夏的盐、宰揭山颜色如玉的甘露、长泽的大鸟的卵等。

还有饭之美者、果之美者、水之美者等等。他的见识之广足令今天自诩为见识超前的现代人汗颜。

治国跟做饭是一个道理

伊尹的这些理论用现代语言该怎么解释呢？跟咱们今天的饮食又有什么关系呢?

扬州大学旅游烹饪与营养科学系主任、教授，世界中国烹饪联合会饮食文化研究会委员邱庞同是这样解释的：

天下三类动物，生活在水里的气味腥，食肉的动物气味臊，吃草的动物气味膻。尽管原本气味都不太好，但只要掌握好烹调方法，就能做出各种美味佳肴。

味道的根本在于水。要依靠酸、甜、苦、辣、咸“五味”和水、木、火“三材”进行烹调。味道烧煮九次变九次。消减腥味、去掉臊味、转臭为香，火候很关键。疾徐不同、文武不同的火势可以灭腥去臊除膻，并且可以决定食物的口感。只有掌握了这些才能做好食物，并使食物不失品质。

调和味道离不开甘、酸、苦、辛、咸。放料的顺序、用料的多少，组合很微妙，各有各的道理，全根据自己的口味调配。

鼎中的变化（也就是烹饪的道理），精妙而细微，不是三言两语能表达出来说得明白的。就好像骑射之技精微致远，如同阴阳和合化成万物，又仿佛四季推演道法自然。这样做出的菜肴才能久放而不腐败，熟而不烂，甜而不过头，酸而不强烈，咸而不涩嘴，辛而不刺激，淡而不寡味，肥而不腻口。

那么，是不是有了猩猩的唇、有了云梦的柚子、有了三危山（传说中的“两极”山名）的露水，你就能成为好厨师了？当然不是。

不同的配比成分、比例，做出来的饭菜体现在口舌之间的味道是不一样的；不同的火候调节，做出来的饭菜口感肯定也是不一样的。是否能利用各类食材的特性相互补益，利用火候的不同制作出口味不同的食物，才是考量一个厨师真正实力的标准。

做饭还要根据四季的变化适当做食材、调料等的调整。比如，“冬吃萝卜夏吃姜”，这条中国老百姓最熟悉的养生常识，其实，就是历代厨师、百姓对伊尹理论的发展和总结。

伊尹的这篇《本味》用的是比兴手法，旨在以烹调之道论证君主用人、治国之理。圣人之道，尽调和之能事，物尽其用，人尽其才，审近知远，成己成人。“天子成则至味具。”这不仅是伊尹生活智慧的总结，更是伊尹“和”的理念的体现。

五味调和，烹饪基本

为什么几千年来中国人总是在提倡“冬吃萝卜夏吃姜”？国医大师李振华学术继承人、河南中医药大学第三附属医院主任中医师李郑生说，其实这是药食同源的道理。

春生夏长，秋收冬藏。冬季，天寒地冻，人体皮肤腠理处于收缩状态，以保证身体的血液供应。这个阶段，人的户外活动减少，且大多进食热性食物，容易产生内热，从而引起消化不良。此时，适量吃些萝卜，可以帮助消化。因为萝卜性凉味辛甘，入肺、胃二经，可消积滞、化痰热、下气贯中、解毒，用于食积胀满。

而夏季的情况刚好相反。春夏正是养阳之时，这个时候吃一些生姜有助于人体阳气的发散。而且，夏季，人体为了排除体内的热量，皮肤腠理处于开放的状态，热量容易散失，再加上过食冷饮，体内相对处于寒凉的状态，适量吃生姜，可以暖胃、发汗、祛湿、驱寒，以达到身体阴阳平衡的目的。

《舌尖上的中国》第二季美食顾问、开封饮食文化博物馆馆长孙润田认为，伊尹“教民五味调和，创中华割烹之术，开后世饮食之河”，他所创立的“五味调和”烹饪理论和他所开创的“汤液经法”是如出一辙的，都提倡从原料的配伍、五味的调和中追求美味、养生和保健。时至今日，它仍是中国烹饪孜孜以求的至高境界。

比如红烧鲤鱼。北方不少地区都是把宰杀干净的鲤鱼用面粉裹一下再煎炸，为什么？一、为了吸附鲜鱼表面的水分，避免炸煳；二、干面粉有吸附异味的功能，可以去除腥味；三、从养生角度说，在肉的表层挂一层糊再煎炸，减少了煎炸食品对身体造成的直接伤害。

伊尹的烹饪心得还无意间道出了中原的地理环境、人文特色，以及河南饮食的特点——说到底，就是“中”与“和”。

地处九州之中的优势，使得中原人、中原文化极具兼容性，就连吃也不例外。“人禀天地中和之性，菜具饮食中和之味。”河南不东、不西、不南、不北，居东西南北之中；豫菜不偏甜、不偏咸、不偏酸、不偏辣，于甜咸酸辣之间求其和。寒热温凉恰到好处，平淡冲和养身养心。正应了《礼记》中所说：中也者，天下之大本也；和也者，天下之达道也。

当番茄遇上鸡蛋

番茄炒鸡蛋也是伊尹“和”理念的一个典型体现。

大江南北，家家户户，最常做、最常见的就是番茄炒鸡蛋，它在中国饭桌上的影响力至今没有能出其右者。豆瓣网上曾有一个人气很旺的小组叫“番茄炒鸡蛋党”。虽然成员来自五湖四海，但却拥有一个共同爱好：无条件热爱番茄炒鸡蛋。出于对这道菜的热爱，甚至有成员建议，不妨把番茄炒鸡蛋立为国菜。

但是，大多数“番茄炒鸡蛋党”不知道的是，这样一道草根菜恰恰证明了伊尹五味调和的理论和中国烹饪的博大精深。

番茄进入中国的具体时间学术界尚无定论，目前认定明朝的较多。虽说番茄炒鸡蛋这道菜离伊尹时代远了点儿，但一道菜品能打破地域饮食习惯，被大江南北不同口味的中国人食用至今，本身就证明了这道菜品的烹饪理念是通达和谐的。而这个“和”理念正是伊尹烹饪理论的核心。

别忘了，伊尹同时还是“汤液”的创始人，伟大的药剂学家。有记载说，他悯生民之疾苦，作汤液本草，明寒热温凉之性，酸苦辛甘咸淡之味，轻清浊重，阴阳升降，走十二经络表里之宜。所以，在他行“五味调和”之能事时，不自觉就行了中草药“君臣佐使”的配伍理念，也就是所谓的“药食同源”之说。

“番茄与鸡蛋两种食材的结合，虽然简单，却有蛋、有蔬，膳食搭配合理，符合《黄帝内经》所提倡的‘五谷为养、五果为助、五畜为益、五菜为充’的膳食理念。从食性来分，鸡蛋性平，番茄性微寒，两种食材的配伍起到了食性互补的作用。”李郑生说。

中医药体系中，鸡蛋有混元一体之说，象征天地。鸡蛋清叫卵白，象征天，性微寒，故而有清热解毒之效。民间有一偏方，咽喉肿痛了，拿鸡蛋清用开水冲后喝下去，能起到一定的清热作用。鸡蛋黄则象征地，性平，有补益生阳的作用，故小儿加辅食要从鸡蛋黄开始。

但当鸡蛋清与鸡蛋黄放在一起时，两者就有了阴阳平衡之气，故鸡蛋食性平、味甘，可补肺养血、滋阴润燥，用于气血不足、热病烦渴等。而番茄的食性则偏凉、味酸，有生津止渴、健胃消食、凉血平肝之效。两种食材结合之后滋阴养血、生津补液、扶助正气，且补而不滞（因为鸡蛋吃多了容易生滞）、健胃和胃，可谓相生相助。这就是中医所说的“酸甘化阴”。

“酸甘化阴”指的是酸味与甘味药物配伍应用，借以增强药效的一种治法，临床再根据病情与各药的归经、性味选择配伍，并在具体运用“酸甘化阴”法时，留意凉润与温润之分，酌情掺入苦味坚阴、苦温燥脾之品。

一道看似简单的番茄炒鸡蛋，道尽了伊尹的烹调之能事。

伊尹是哪里人？

伊尹是“中华烹饪始祖”这一结论基本已得到公认，但截至目前，在学术界，伊尹的出生地尚无定论，争论的焦点主要是两个地方：一个是开封杞县葛岗镇西空桑村，一个是洛阳伊川县（山东曹县、山西万荣等地的争论也有）。

于是，两个争议中的城市常常出现这样的局面：到开封采访，那里的饮食博物馆、部分酒楼内会挂着、放着“开封老乡”伊尹他老人家的画像或者雕像；到洛阳采访，挂伊尹图像的酒楼更不在少数，包括洛阳的不少吃货都知道伊尹是他们的“洛阳老乡”。为此，我很纠结：到底应该把那位从草根成功逆袭为旷世名臣的伊尹设定在哪个城市呢？

我不是学者，对伊尹具体是哪里人真心不敢妄下断言，而之所以在本篇中引用了“开封杞县葛岗镇西空桑村人张俊昌”的讲述，主要依据有两个：一是伊尹第140代长门孙伊海誉提供的《河南杞县伊氏家谱》；二是孙润田提供的《伊尹与开封饮食文化》一书，书中收录的一些国内著名学者的研究成果显示：伊尹是开封人的老乡。

2012年10月，第二十二届中国厨师节在开封举办，来自全国的烹饪巨匠们专程到开封杞县葛岗镇西空桑村拜谒伊尹，追远怀思。

伊尹的出生地成为争论热点，虽然主要是由于各地经济搭台、文化唱戏的需要，但不能否认的是，无论学术界还是烹饪界，都已经意识到伊尹及其烹饪理念在饮食史上的重要性。所以，无论哪种原因，这种争论不仅对中华饮食文化是一种普及和宣传，对中国历史、文化的传承更是具有不可估量的积极作用。

河南禹州古钧台

大禹治水的故事可谓家喻户晓，在大部分中国人的印象里，大禹是一个一心为公、普济天下的圣人。但是，也有一种说法，认为天下到了大禹的手里之后，他开始有了“家天下”的思想。他的儿子启后来承继大统，并在河南禹州钧台举办了中国有史料记载以来的第一次“国宴”，史称“钧台之享”。

王的盛宴：烤肉、果酒而已

草台子“古钧台”

河南省禹州市第一高级中学校园内，有一座方方正正、砖石结构的亭子，当地人称为“草台子”，史书上称为“钧台”、“古钧台”。

约公元前20世纪，夏启结束了尧舜禹的禅让制，在河南禹州城南（钧台）举行大典，并大宴诸侯，确立了“共主”的地位。启的继位，是我国从原始社会向奴隶社会转变的重要标志，是新的文明时代的开端。而这场宴会也是中国有史料记载以来的第一次“国宴”，史称“钧台之享”。

禹州市文物管理所原所长教之忠介绍，如今的“草台子”是在清康熙年间的古钧台旧址上重修的。康熙十八年（1679年），禹州知州于国璧曾筹资重建“古钧台”，为砖石结构，略呈方形，高4.4米，阔7.4米，台下有洞，进深6.15米。南面正中有洞门，宽2.46米，高2.87米，块石拱券，上额书“古钧台”，洞门两侧有砖刻对联，上联“得名始于夏”，下联“怀古几登台”，相传是康熙皇帝的亲笔题词。抗日战争时期，大部分古钧台建筑被侵华日军烧毁，1991 年，当地政府重新修复了古钧台。

一切从大禹说起

4000 年前，禹州究竟发生了什么事，使得古钧台成为中国从原始社会进入奴隶社会、从野蛮阶段进入文明阶段的标志？

还是先回忆一下 4000 年前的那些故事吧。

相传，4000 年前的某天，大禹去世了。谁来继承王位？这原本并不是个问题，因为大禹在此之前就按照禅让制度，把王位传给了伯益。列位，这个伯益可不是一般人。据说，今天咱们中国人以不同形式供奉的“土地爷”是他；当年，把跟随大禹治水时所经历的地理山川、草木鸟兽、奇风异俗、逸闻趣事记录下来成为《山海经》素材的是他；凿井技术以及最早的屋舍也是源于伯益的发明；另外，伯益还是嬴姓、赵姓等家族的血缘祖先。

但把王位传给伯益，实属大禹无奈之举。

大禹治水的故事家喻户晓，在大部分中国人的印象里，大禹是个一心为公、普济天下的圣人。但是，也有一种说法，认为天下到了大禹的手里之后，他开始有了“家天下”的思想。大禹想把天下传给自己的儿子启，又不敢公然颠覆自古以来的禅让制，不得已，他先把王位暂时指定给伯益，同时又不断削弱伯益的势力，并霸占大部落联盟里的公共财产，分给支持自己儿子的部族首领……扫清登基的最大障碍，夏启才能闪亮登场。

猛男夏启

夏启之所以被称为“猛男”，是因为他的政治手腕着实够强硬。

为了能顺利继承王位，夏启联络了一大批中小部族首领反对伯益。这个举动引起了当时部落里最大部族有扈氏的不满，有扈氏支持禅让制度、支持伯益，带头领兵反对，结果被夏启残杀。

之后，防风氏、有扈氏的部族兄弟们也被夏启一一屠杀。这一系列的杀戮，逼得伯益终于忍无可忍了，于是，率兵镇压。

夏启、伯益双方进行了一场史前最惨烈、最持久、最全面的争夺大部落联盟首领的战争，结果是：伯益战败被杀。传说伯益的儿子玄仲（伯益与舜之女的儿子）带着有资格参与禅让制竞逐部落联盟首领的余族退出中原，移迁山东沿海地区，而夏启则带领一部分没有资格参与禅让制竞逐部落联盟首领的部落留在中原；华夏民族也由原始部落联盟时期进入私有奴隶制国家时期。

拿下在部落里有较高政治威望的伯益，不仅意味着启的王位有保，更意味着夏王位稳定局面的开始。所以，夏启要举办一场仪式宣告自己王位的合法性，更要借这场仪式警告那些蠢蠢欲动、不太听话的其他部族首领：大王如果生气，后果会很严重。

这场"国宴"确立了夏启"共主"的地位，开始了我国历史上"家天下"的局面。

"国宴"吃什么

既然设宴，就要好酒好菜招呼着。但实在是当时条件所限，在这场"国宴"上，夏启能拿出手的只有肉和果酒（餐间的野生水果就不说了），甚至是以肉为主食的。

4000 年前，在华夏民族还没有完全进入农耕阶段时，由于迁徙带来的狩猎游牧占了华夏民族经济的很大比重，因此，部族头领们吃点肉还是不成问题的。龙山文化遗址和二里头文化遗址的发现也证明，夏代有牧马养羊的经验。传言夏启征服了叛乱的有扈氏后，还把俘虏罚作“牧竖”，也就是放牧家畜的奴隶，可以想见当时放牧的情况。

吃肉不是大问题，关键是在当时还没有丰富佐料，还没有炒、煎、炸等烹饪技术的状况下，肉怎么吃？史学界根据出土的夏商时代的炊具食器与甲骨文的字形推测，夏商时代吃肉还是以大块肉为主，肉蒸熟、煮熟或烤熟之后，用铜刀等切割成薄片，蘸酱或其他调料吃。

由此，专家推测，4000年前的那场宴会上，也是以蒸肉、煮肉或者烤肉为主的，吃法也类似，肉的品种也较多，有羊、猪、犬、鱼、雉等。

“国宴”喝什么

肉再好吃，吃多了也噎得慌，因此备点饮料是必需的。

这个饮料就是酒，但跟今天的酒不同的是，当时的酒是水果类发酵之酒，而非粮食类发酵之酒。确切地说，是自然发酵的果酒，纯天然、无污染。

夏启时期，华夏民族还没有完全进入农耕文明，没有那么多粮食供人类发酵、造酒，用的主要是可以采摘的野生水果之类。

中国之酒源于何时，难以考证。世传有仪狄（大禹时代之人）造酒之说，或杜康造酒之说，但现在研究认为，酒的发明应该更早，且很有可能是上古人在长期与自然界的博弈中创造的。自然界中，有些动物善于在树洞中储存桃、李、杏等野果，但总有因故没来取的情形发生，于是，野果被储存时间长了，就自然发酵为果酒。人们发现，山间野猴等吃了这些果酒，就会手舞足蹈起来。人们好奇之下也去尝试，发现口感不错，就借来一用。所以说，酒的发现、发明，是人类对自然界一个长期的认识和实践的结果，更是人类的集体智慧的结晶。

顺便说一句，由于当时的果酒是纯天然发酵的，因此酒精含量较低，把它理解为无任何化学添加剂的果汁饮料也是可以的。

“国宴”怎么排座次

饮食文化研究学者、河南省非物质文化遗产专家评审委员会委员张海林，根据考古发现、典籍记载以及多年研究，复制了4000年前夏启在河南禹州举办“国宴”的场景。

筵席铺设：西北—东南走向，主席面东南，设两席，两侧各设十五席。主席一筵五席，两侧一筵三席。

食器铺陈：主席前设五鼎、三簋（guǐ）、三豆、三盘，两侧设三鼎、三簋、一豆、一盘。

酒器陈设：主席前设一罍（léi）、一斝（jiǎ）、一觚，两侧设一斝、一觚。

酒食：酒用浊酒，水果发酵。鼎内为羊、猪、犬、鱼、雉，簋内为稻、黍、粱，豆内为脯（肉干），盘内为菹（zū，切碎的菜、肉）。

席间酒五巡、配乐舞。

解释一下，鼎、簋、豆、盘、罍、斝、觚，皆为当时不同形状的食器，且基本都是陶制品。而鼎的身份最贵重，因为鼎中盛装的是这场国宴的主菜：蒸熟的羊、猪、犬、鱼、雉等。

值得注意的是，从“钧台之享”列鼎而食的排座次序中可以看出，这时已经有了中国饮食的礼仪规范、体例的雏形，这种礼仪规范、体例到了周代渐趋完整。

在蒙昧时代，中国人已经把吃的实用功能和功利作用区分得很明白，这也是延续至今的中西餐桌文化差异的肇始。

白陶鬶

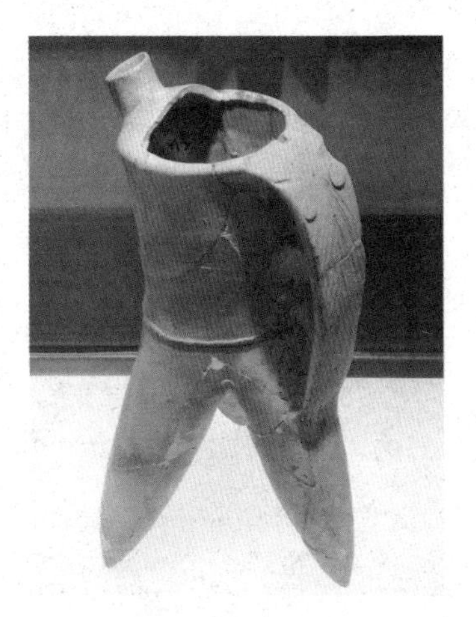

白陶封口盉

镂空陶豆

镂孔灰陶盘

从“钧台之享”到“问鼎中原”

“钧台之享”，无疑是有文字记载的史上第一次“王的盛宴”。在这场盛宴中，负责装盛煮肉、烤肉、蒸肉的器皿是一个叫作“鼎”的三足两耳的家伙。

后来，鼎成了象征国家、天子权力的国之重器，窥伺中原权力、挑战天子之位，叫“问鼎中原”；科举考试殿试名列一甲，叫“鼎甲”；登上帝王之位，叫“鼎命”；成就帝王大业，叫“鼎业”；家里富足，就叫“钟鸣鼎食”。

今天我们所熟知的鼎，是在博物馆看到的曾经作为礼器使用的鼎，比如世人皆知的司母戊方鼎（现称为“后母戊方鼎”）。但鼎最初的出现，纯粹是为了吃。

陶器的发明是八九千年之前的事情了。上古人发现，黏土经过火烧之后变硬，再遇水后不变形，储水不漏；又经过人们多次试验、探索、实践，于是，就有了陶器的发明和使用。

到了黄帝时期，陶器的功能和品种有了质的飞跃。目前发现的最早的陶制炊具主要有釜、鼎、鬲、甑和鬶。釜底部无足。鼎有三个实心足，主要用来煮肉食，负载大，故用实心足，以免“鼎折覆餗”。鬲是用来煮粥饭的，负载小，空心足可加大受热面。甑像底部有许多小孔的陶盆，其作用相当于现在蒸饭的笼屉，可置于釜上或鬲上配合使用。米等谷物放在釜中（或鬲中）加热，上面有盖用来保温，下面有水蒸气做导热介质，温度均匀而稳定，做出的食物不仅口感好，且易消化。这种蒸煮方式后来成了华夏民族最主要的饮食手段。鬶则主要用来炖煮羹汤、烧水或温酒。

肉，是人类最重要的食物来源，到了私有制的阶级社会后，肉食就更成为家境富足与否的象征。鼎以肉贵，身价自然也跟着飙涨。但鼎真正成为食之重器、礼之重器，乃至国之重器，则是在夏朝。

这个时候的青铜鼎已经没有一般的煮肉功能了。因为青铜鼎足大底厚，烈火烧时容易受热不均，这样青铜中的锡就不免会熔化流出，损坏底足，甚至使之折断。如果在隆重的宴飨中出现这种现象是不吉利的，因此往往是先把肉放在镬中煮熟，再把煮熟的肉放在鼎中。

《汉书》载："禹收九牧之金，铸九鼎，象九州。"于是，九鼎便成为传国之宝。鼎也自然成为饮食之重器、祭祀之礼器，只在宏大的宴飨中用以招待贵宾或祭祀祖先、神灵，甚至作为国家权力象征时出现。

青铜鼎的使用是中国饮食制度的重要组成部分，中国的饮食制度又是早期中国文化的主要内容。这个饮食制度的确立，是统治阶级的需要，也是当时社会进步的需要。因为食物的数量、质量以及食法、食具是地位与权力的象征，是社会进步到等级社会的必然。

夏商周三代历时近两千年，政治中心、经济中心以及文化中心都在中原地区，鼎象征着中原，代表着天子的权力。因此，就有了后来诸侯"问鼎中原"的典故。

张海林介绍，在食用的等级上，周代的饮食制度做了严格而又明确的划分，这个划分称为"列鼎"。天子日食大牢（或曰太牢），诸侯日食少牢。一鼎为士所用，鼎内盛豖；三鼎为士在诸如婚礼等特定场合使用，内盛豖、鱼、腊或羊、豖、鱼；五鼎为大夫一级用，内盛羊、豖、鱼、腊、鲜；七鼎为卿大夫（诸侯）一级用，内盛牛、羊、豖、鱼、腊、肠胃、肤；九鼎为天子所用，鼎内盛牛、羊、豖、鱼、腊、肠、脍、鲜鱼、鲜腊，称为"大牢"。

"此列鼎之数仅为主器，另有簋、豆等器相配。一般为四簋五鼎、六簋七鼎、八簋九鼎，且在太牢中还有三陪鼎。如以太牢论，整个食器，亦称礼器的数量为九鼎、三陪、八簋、二十六豆，共四十六器为天子所用。这样的列鼎制，当时是不准逾越的。"

列鼎而食的饮食制度、礼仪规范，到了春秋战国时期彻底崩塌。

孔子周游列国，意在"克己复礼"，但以楚庄王为代表的新兴地主阶级，求的是地位的改变和提高，求的是政治上的发展、势力上的扩大。违制、僭越是一个必然的过程，“问鼎”是他们的共同目标。

于是，诸侯们仿效着把宫廷内的饮食制度移植到了各诸侯国，又通过他们影响到了大夫，影响到了士，直至社会的各个阶层。这种僭越、仿效、影响也就在饮食制度外衣的包裹下，带向了全社会，带向了以洛阳、中原为中心的四面八方，形成了四面八方以中原的饮食制度为中心、为模范的文化趋同现象，为以后中原文明的发展、中国文化的发展奠定了重要基础。

隐藏在深山里的河南淇县纣王殿村，相传纣王曾在这里屯兵 12 年

“钧台之享”是史上有文字记载以来的第一次“王的盛宴”，而商纣王的“酒池肉林”则是史上有文字记载以来的第一次宫廷夜宴。

宫廷夜宴：酒池肉林

夜宴场景：情色

“以酒为池，县（悬）肉为林，使男女倮（裸）相逐其间，为长夜之饮”（司马迁《史记·殷本纪》）。这个极尽狂欢的片段里的男主角是史上最具八卦色彩、古往今来少有的“暴君”——商纣王。

商纣王好酒喜色，为了达到娱乐的目的，便命人在宫苑内修筑个大池子，池子里盛满美酒，把肉悬挂得像树林一样，让年轻的男女赤裸着身体在酒池边、肉林间相互追逐、嬉戏，饮酒作乐。也许，纣王酒酣之时，也会脱掉朝服，亲自裸体上阵，加入游戏队伍。

酒池、肉林，不时奔跑、嬉戏的裸男、裸女……每每看到这个片段，我都不禁要为司马迁他老人家点无数个赞！因为先生这番描写虽只有寥寥21个字，但其中的香艳、情色场面却极尽想象之空间，这番文字功力，想想也是醉了。

以《史记》在中国历史、文化上的尊崇地位，仅这21个字，就足够为“酒池肉林”定性了：中国饮食史上象征暴殄天物、奢侈淫靡的专有名词，也是导致商纣亡国的原因之一。

究竟有无“酒池肉林”？地点又在哪里？《括地志》云：“酒池在卫州卫县西二十三里。”另据一些资料显示：淇县西北十五里灵山社，是商纣王的贮酒之处。卫州、淇县，指的均是商纣王的帝都朝歌，今河南省鹤壁市淇县。

而后世陆续不断的考古、发掘也为“酒池肉林”这一成语提供了佐证：“由于古沙丘（今河北广宗）尚未进行大规模专业的考古发掘，所以对于酒池肉林的可信度之前曾产生疑问，不过（1999年）在河南偃师商城发掘出了相同时期的相关遗址消除了这个疑问。”

据张海林考证，“悬肉为林”并不是将肉堆得如树林一般，因为依据商代当时的经济水平与加工能力，这是不可能达到的标准。

他认为，夏代虽也可能有舍弃厅堂筵席的聚餐、娱乐活动，但因未有明确史料记载，所以，商纣王的这场“酒池肉林”，实则是中国餐饮史上、世界餐饮史上有文字记载的最早的宫廷夜宴。

“酒池肉林”非商纣王专利

1999年，在河南偃师商城发掘出了长约130米，宽约20米，现有深度为1.5米的商代早期大型人造水池，水池四壁用自然石块垒砌而成，池底内凹，水池两端各有一条水渠通往宫城外，与城外护城河相通。

中国社会科学院考古研究所研究员杜金鹏认为，在偃师商城内的发现，不仅印证了古文献记载之确实，而且相当直观地揭示了商代早期帝王池苑的规模。

偃师商城平面图

Plan of Shang City Site at Yanshi

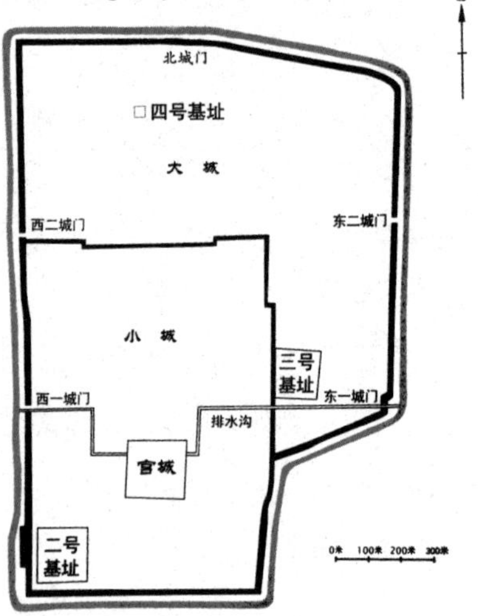

河南偃师商城遗址位于偃师市区西部，是一处商代早期的古城址。从已发现的遗迹来看，偃师商城内既有大型宫殿建筑，又有军事防御设施。1999 年，考古专家们在偃师商城内发现了“池”，经研究与史籍记载相近，是供商代帝王娱乐的池苑。

这些水池是用来做什么的？据报道，学者们在否定水池用来“提供水源”说法的同时，提出了“防火、美化环境、改善小气候”的可能性。因为大型水池的存在，会提高附近地下水位，从而间接地起到“提供水源”的效果。“古代并不缺乏山川秀美、林木茂盛之地，学者们认为人工造池筑景，是因为夏商时期，国与国之间矛盾冲突相当频繁，而国内利益集团之间，也是争斗不断，帝王们往往深居高墙水壕之中求安，失去了接触自然景观的机会，因此开始建造人工山水。”

看来，这么大的水池子，有建造人工山水的可能，也有可能储放美酒，当然，可能还有其他用途。而且从专家的考证来看，宫苑里建造水池子的习惯是从夏代宫廷就开始的，并不是商纣王的专利。这一条信息也间接证明了无论是商纣王的酒池之乐还是宴饮时的歌舞之娱，在夏商两代前后 1000 多年的宫廷娱乐活动中并不罕见。

酒池之乐缘于全民好酒

对于商纣王的荒淫无度,《诗经·荡》中,周人是这样描述的:“文王曰咨,咨汝殷商。天不湎尔以酒,不义从式。既愆尔止,靡明靡晦。式号式呼,俾昼作夜。”

意思是商纣王好酒,在他的影响下,殷商人民也以酒为乐,没日没夜喝酒,喝到大呼小叫,礼仪尽失,最终导致国家灭亡。

但目前学者们普遍认为,夏商两代,朝野上下皆好酒。

《墨子·非乐》中列举的大禹的儿子、夏朝国君启的罪状就是:沉湎于酒,在外面野餐,并在进餐时歌舞取乐。刘向在《列女传》中说,夏朝末代国君桀整日与宠妃妺喜饮酒,“无有休时”,“为酒池,可以运舟,一鼓而牛饮者三千人,䩭其头而饮之于酒池,醉而溺死者,妺喜笑之,以为乐”。

商王武丁曾把他的大臣比作“曲蘖”(酒曲),“若作酒醴,尔惟曲蘖”,意思是大臣应该作为君王与普通臣民之间的中介,正如酒蘖乃粮食与酒之间的中介一样。比喻很形象,但为什么单单选择粮食与酒来比喻君臣关系呢?恐怕跟当时朝野上下的好酒风气也有关。

在《尚书·微子》中,商朝统治者自己也感慨败坏了圣祖成汤的好传统,并把殷人沉湎于酒看作是上天降下的巨大灾难。同时,他们认为自己的民族如此好饮奢侈,恐怕国家行将灭亡。

近代陆续的考古发掘证明了商朝好饮酒的风气遍布朝野上下,“据1969~1977殷墟西区墓地发掘材料,平民墓中最常见的随葬品,为陶制酒器觚、爵。在总数939座墓内,出这种礼器的有508座,另又有67座出铜或铅觚、爵,两者共占总墓数近五分之三”(宋镇豪《夏商社会生活史》)。

不过,夏商时候的酒若用现在的标准来衡量,基本类似于果酒。卜辞中的“鬯”字就是香草酒,是用黑黍米加香草酿造而成的,芳香扑鼻,是

窄流平底铜爵

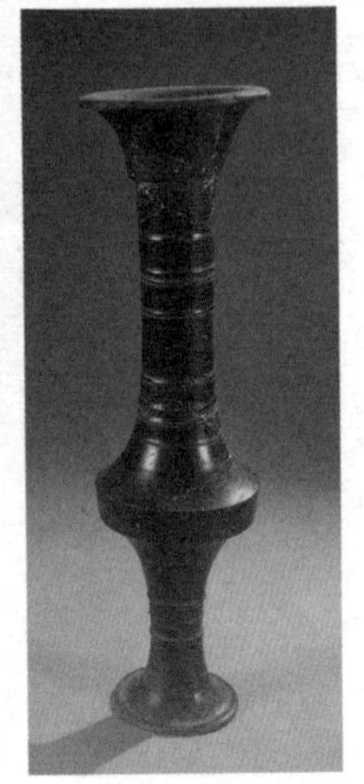

磨光黑陶觚形器

专门用于祭祖的酒；醴，则是一种带有饮料性质的甜酒；旧醴是陈年老酒，酒精度相对“醴”要高一些，味道更为醇厚。

为什么夏商两代造酒、饮酒之风如此兴盛呢？主要是受当时物质条件所限。夏以前，华夏民族的祖先是以渔猎和采集为生，进入夏商，华夏民族才开始渐渐以农业为主。夏商两代主要食品是饭和粥，糕点、饮料基本没有，零食更别想了。至于肉食则是生活富裕人家才能享用到的美食。鬲中加米与水慢煮即成粥；如果米多水少比较黏稠则为饘；如果不把米煮烂便捞出，用甑蒸熟，就是饭。煮饭时剩下的煮米汤叫作“浆”，就相当于饮料了，是当时不分贵贱、无论等级的全民的重要“饮料”。

另外一种可算作饮料的就是酒了。夏商两代的农作物，在北方主要是黍和稷，黍同时还是做酒的原料。

酒是先民在饮食方面的伟大创造，是人工制造的第一种迥异于自然风味的食物。新石器时代中期的大汶口文化遗址中发现有酒具和制酒用的瓮、滤缸等，说明至少6000年前中国就已经有了酒的制造，只是到了夏代才开始较大规模生产，酿造方法也日趋完善。

相对于粥、饭与肉，酒给夏商两代人民带来的不仅有口舌上的惊艳、刺激与快乐，更有精神上的愉悦。“夏、商两代的人们刚刚踏入人类文明社会的门槛，那时的生活仍很枯燥单调，而酒以它的甘美醇香和富于刺激性的魅力给混沌初开的人们带来了欢乐，夏、商两代的统治者多沉湎于酒，造酒亦以极快的速度向前发展，以满足统治者以及广大生活较富裕者的需要。”（王学泰《中国饮食文化史》）

真是太逆天了，夜宴主角商纣王可能是男神！

根据目前一些专家、学者对商纣王以及商朝政治、经济的研究，商朝

河南淇县纣王殿村是国内保持最完好的原始村落之一，村内随处可见的两层高青瓦石屋，都是有着几百年历史的明清古民宅。2013年，纣王殿村被列入“全国传统古村落”保护名单。

之亡既不是因为商纣王喜好吃喝、重色轻友，也不是因为商纣王不定期组织的夜宴、舞会活动，实乃大厦将倾非一木可支也。如果这个观点成立，则商纣王极有可能是这个样子的：

商纣王，本称“帝辛”。周武王灭了商朝，建立新政权之后，为了巩固新王朝、打击旧王朝，把他描绘成了前无古人后无来者的史上第一暴君，并借用“天下人”的名义封了他一个“纣”字，从此，他便成了残暴无道之君的代言人。

从各类史料记载看，帝辛天资聪颖，自小便精通文墨；且长相俊朗，身形高大威猛，骁勇善战，能敌百人。按照现代标准来看，绝对是位能文能武、智勇双全的超级男神。

继承王位后，帝辛致力农桑，积极发展社会生产力；他反对神权，打破了奴隶主的世袭制度，并大胆提拔新人及寒门子弟；他带兵讨伐东夷，实际上开拓了山东、淮河下游和长江流域的疆域，并促进了中原文明的传播；他在位时，曾“朝歌夜弦五十里，八百诸侯朝灵山”，当日之繁华，可见一斑。

当然，帝辛不仅有自己偏爱的宠妃，也会趁闲暇之余，在宫中组织个舞会什么的，纵情酒色一下。不过，还好，帝辛属于那种特别自信且自控能力很强的人，所以，对于宠妃和纵情声色等后宫之事，他基本还能做到收放自如，不至于太耽误朝政。

无论是对内推行的一系列改革措施，还是对外推行的扩张政策，帝辛的本意都是想挽回行将倾覆的大商王朝，但很遗憾，一切改革都是需要付出代价的。“讨伐东夷”在当世即被不同政见的人视为穷兵黩武、劳民伤财；他虽然不拘一格降人才，却也因此得罪了一大拨既得利益集团；他的哥哥微子因为当年竞争王位失败，便在暗地里散布不利于弟弟的谣言，并趁机煽动各路诸侯集结兵力，准备“干他一票”。

在帝辛最后一次出兵东夷时，远在陕西的周武王继承父亲“阴谋修德以倾商”、积极从事伐纣灭商这一宏伟遗志，在孟津（今河南省洛阳市孟津县）与诸侯结盟，誓师伐商。但此时商军主力还远在东南地区，无法立即调回。无奈，帝辛只好武装大批奴隶连同守卫国都的商军，由自己率领，开赴牧野迎战周师。这支缺乏训练的“军队”又怎么能和精锐的周军抗衡？结果自然是商军失败。战败后的帝辛自觉愧对先祖，选择了在鹿台自焚，商朝就此灭亡。

但这些镜头也只能算是推测而已，真相究竟如何，恐怕只有早已作古的帝辛自己知道了。假作真时真亦假，这亦是历史最令人着迷之处。

生鱼片

《论语·乡党》说“食不厌精，脍不厌细”，有个成语叫作“脍炙人口”，这里的“脍”，指的都是细切的肉片，或鱼片。

从成语里走出来的生鱼片

何谓“脍”

孔夫子说：“食不厌精，脍不厌细。”意思是说，食物做得越精细越好，肉切得越细、越薄越好。这里的“脍”，指的是被切细、切薄的肉，可生食亦可熟食。

“‘精’、‘细’二字，要放到孔子时代的生产力水平和生活条件下才能得到正确的理解。”孔子主张的“精”是鉴于一般人常食粗粝的脱粟，主张祭祀应选用好于粝的米；孔子时代菜肴的制法除了羹以外，主要是煮、蒸、烤（“炒”字是汉以后才出现的），且大多不放调料，需蘸酱而食。为使肉尽可能入味，就必须切得薄些、细些，也便于咀嚼和消化。

成语“脍炙人口”的意思是，细、薄的肉和烤肉都是人们爱吃的食物，泛指美味人人都爱。

后来又衍生出一个“鲙”字，专指生鱼片，因此，“脍”和“鲙”经常混用。

魏晋时，文人们描写生鱼片时，通常在“脍”字的前或后加一个鱼品名字，比如，脍鲤、鲈脍，意思是鲤鱼生鱼片、鲈鱼生鱼片。到了宋代，生鱼片的高级吃货们在赞美它时，有时干脆连鱼品名称也省了，直接以“脍”代之，比如“设脍示坐客”、“临水斫脍”等。所以，脍，有时也被视为生鱼片、鱼生的代名词。

从生肉生食到“脍”

生肉生食，应该是茹毛饮血时期远古人类不得已而为之的一种果腹方式。之所以说果腹，是因为那个时候，远古人类每天四处奔走、追打猎物的主要目的是为了填饱肚子，还上升不到烹饪的高度。

人类进入农耕文明，进入夏商统治后，才彻底告别了生食为主的时代。

周代，由于农业、手工业的发展，有了相对丰盛的食材，有了相对安稳的生活，人类对吃的追求发生了质的改变，各家、各学派的“子”开始思考饮食与人、饮食与礼制、饮食与人生、饮食与社会、饮食与政治之间的关系，饮食被赋予了更多的文化色彩，并渐渐上升到了意识形态的高度。这个时期，中国不仅有了丰富的菜式制品，还有了渐渐完善的烹饪理念，今天，我们所遵循的烹饪技法、理念大多来自于此。

“脍”，正是在这个时期形成并渐渐成为某个阶层的饮食风尚的。

秦统一中国，有史学家认为是以落后的西部文化排斥并力图消灭比秦文化更为先进的中原文化，秦始皇“焚书坑儒”就是销毁中原文化的一次代表行动。部分史学家甚至认为，秦政府通过这些有组织、有规模的清剿行动，达到了目的。

但事实上，周代的饮食、礼制以及诸子的思想等，经过这些清剿活动，不仅没有销声匿迹，相反还渐渐在各省份、各民族间得以渗透、流传、扩张，并影响、巩固了中国人的思维方式、行为方式，成为最核心的中国文化。这就同后来蒙古、女真等部落民族用武力征服汉族人的江山后，原本想用杀戮对汉文化来个一次性了断，没承想，自己反做了汉文化的俘虏，是一样的道理。

“脍”，就是在这次清剿行动中幸存下来的美食之一。

从“脍”到“洋菜品”的裂变

东汉时曾发生过一起著名的因“脍”致病事件。

广陵太守陈登因为过量食用“脍”而得了肠道传染病一类的重病，后经名医华佗医治才得以康复。但华佗还说：“此病后三期当发，遇良医乃可济救。”之后，此病果然依期发作，当时华佗不在身边，陈登如言而死。

从唐、宋两朝的诗词文章可以看出，“脍”到唐、宋两朝更盛。《避暑录话》载：当时客居东京的诗人梅尧臣家中，有一位婢女善于做“脍”，士大夫

三文鱼刺身

“以为珍味”，欧阳修等人“每思食脍，必提鱼往过”，梅尧臣本人也以《设脍示坐客》一诗记录此事。

元、明之后一直到20世纪80年代，生鱼片的流行程度逐渐降低，甚至一度消失。究其原因，也许是跟马上民族大块食肉、大口喝酒的饮食习惯，以及战争、政治等各种因素都有点关系。直到新中国改革开放后，生鱼片才重新出现在国人餐桌上，并在20世纪90年代末，成为流行“食尚”。但大概是在国人的视野中隐遁了太久的缘故，这个时候的生鱼片居然被很多酒店、酒楼当作洋菜品售卖，以至于很多国人认为生鱼片是一种源自日本的外来菜品。

“脍”与渔业

任何新事物的产生一定离不开物质基础，“脍”的出现、发展，正是如此。

周代，中原一带的贵族对食用野味已经相当谨慎，只把牛、羊、狗、鸡、鸭作为经常食用的肉类，再加上农业的发展，使得可放牧的土地大大减少，导致畜牧业在周代并不是很发达，获取肉食受到很大限制。因此，肉食在周代是以贵族以上阶层为主要消费群体的。

但周代的捕捞业和养鱼业却相对发达，从而使鱼、鳖等水产品成为老百姓餐桌上最常见的大众食品。《春秋公羊传》记载，晋国暴君灵公派勇士行刺刚正不阿的大臣赵盾。这个勇士进了他家大门，发现无人看守；进了小门，也无人看守；登上厅堂，竟也无人看守。勇士从门缝处窥视，看到赵盾正在吃鱼汤泡饭，很为他的朴实和节俭感动，不忍杀赵盾。为了交差，只好自尽。

汉代，池塘养鱼更为普及、兴盛。在河南出土的汉墓随葬品中就有不少养鱼池塘的模型。至北宋时期，首都东京出现了“临水斫脍”之类可供垂钓的游乐场所，《东京梦华录》中所记载的御苑“金明池”就是其中之一。

御苑“金明池”用今天的通俗语言解释，相当于皇家水军训练场。每年的三月初一，“金明池”向社会开放，园内不仅有诸多艺人，还有许多垂钓之士，他们得鱼后便高价卖给游客。“临水斫脍，以荐芳樽”，类似于今天郑州黄河边的“水上乐园”。不同的是，咱们今天在“水上乐园”吃的是现钓现烧的熟鱼，而当时东京的“水上乐园”提供的是现吃现做的生鱼片，美其名曰“旋切鱼脍”，被游客视为“一时佳味”。

古人的“脍”用的都是什么鱼?

吃生鱼片，以什么鱼为最好?

本图刊载于《中国烹饪》（1980年第1期），是仿照河南偃师出土的宋代烹饪画像砖（现藏中国国家博物馆）绘制的。画中一位妇女，高髻云鬓，丰姿绰约，从容挽袖正准备烹调。方桌上有一圆砧，砧上一鱼，砧旁置刀，刀边三鱼。桌前一架镣炉，炉火上釜水沸腾。桌旁地面有一盆，盆内散放条状配料。这块画像砖是研究我国烹调史的宝贵资料。

《诗经·衡门》中曾通过一个败落的贵族发出了这样的声音："岂其食鱼，必河之鲂。""岂其食鱼，必河之鲤。"可见，周代，黄河鲂鱼、黄河鲤鱼均是名贵品种，估计只有殷实之家才能吃得起。

在目前见到的古代文献中，古人的鱼脍，以鲤鱼脍为最常见。《诗经·小雅·六月》中说："饮御诸友，炰鳖脍鲤。"这里的"脍鲤"，指的就是生鲤鱼片。

三国时的曹植也喜欢吃生鱼片，他在《名都篇》里还提到过这道美食："脍鲤臇胎鰕，炮鳖炙熊蹯。"

名气较大的鱼脍材料还有鲈鱼（今名松江鲈鱼，不是菜市场出售的鲈鱼）。西晋张翰（吴郡吴县人，今江苏苏州人）在洛阳做官，见秋风起，乃思吴中莼菜羹、鲈鱼脍，曰："人生贵得适意尔，何能羁宦数千里以要名爵"之后，"秋风鲈脍"便成为一道著名的鱼生菜品，身价倍增。

杜甫在《观打鱼歌》中，不仅夸"饔子（厨人）左右挥霜刀，脍飞金盘白雪高"，还赞美"鲂鱼肥美知第一"。

但在唐人杨晔的味觉体系里，鲈鱼、鲂鱼还都不是鱼脍的顶级材料。他认为："脍莫鲜于鲫鱼，鳊、鲂、鲷、鲈次之，鲚（今名刀鱼或凤尾鱼）、味（现在已经无法确定到底是哪种鱼）、鲶、黄、竹五种为下。"

清代名医王士雄则认为生鱼片的鱼品"青鱼最胜"，"沃以麻油、椒料，味甚鲜美"，且"开胃析酲"。

由此也可以看出中国生鱼片与日本生鱼片（刺身）有着显著的区别：日本生鱼片多用海鱼做食材，比如，金枪鱼、三文鱼等；而中国的鱼脍虽也用鲷鱼等海鱼，但却是以河鱼为主，比如鲤、鲫、鲂、青、竹等鱼，包括淡水区域中捕获的鲈、鲚等洄游海鱼。

疆域不同，食材不同，调料不同，烹饪理念不同，注入的情感、价值观不同，便促生了中日两国不同的生鱼片文化。

生鱼片有四季调料

吃生鱼片要蘸芥末汁，这是现代人最熟悉的生鱼片搭配风格，不少吃货甚至认为这是源自日本料理的搭配方式。其实，生鱼片的调料与搭配原理是中国古人最伟大的饮食发明之一。

调料用于饮食，最初是为了克服食物的异味，后来古人发现，调料在清除食物异味的同时对食物还有提鲜的作用，于是，调料在传统烹饪中的地位由最初的被动逐渐变为主动。

这个改变，后来不仅帮助中国人找到了更多的植物调料，赋予了中国人更多、更丰富的味觉，也促进了中国烹饪在对味觉的不断调和中发展、进步和完善。

春天吃生鱼片要用葱姜等制成的酱汁，夏天是白梅蒜酱汁，秋天用芥子汁（芥末汁），冬天蘸的则是橘蒜酱汁，这些都是古人随着时令节气以及物质条件变化而研发的不同的生鱼片蘸料品种。

只是，今天的我们已经没有这个口福了。

生鱼片的“金齑”调料

中国古代的“鱼脍”名品中有一道著名的“金齑玉脍”。

这里说的“玉脍”，是指银白色的生鱼片，“齑”原意是细碎的菜末，在这里作调料解，“金齑”就是金黄色的调料。

“金齑”是一种什么调料呢？跟现在的生鱼片调料有什么不同？北魏贾思勰在《齐民要术》一书中介绍，“金齑”酱的制作要用八种配料：蒜、姜、盐、白梅、橘皮、熟栗子肉、粳米饭、醋。把前七种配料捣成碎末，最后用上好的醋调成糊状，就是“金齑”。在同一节里，贾思勰还描述了几种芥子酱的做法：把芥末的种子，焙干后研成粉末，或加好醋调之，或用绢囊装着沉到好酱里保存等。

从贾思勰的描述中可以推测，古人是这样吃生鱼片的：上这道菜时，要有金齑、芥末酱等好几种蘸料与生鱼片分别装碟搭配上桌，食者可以按自己的喜好自由选用。

不过，北魏时，凡是银白色的生鱼片搭配金黄色的调料，都可称为“金齑玉脍”。后来，才开始把“金齑玉脍”当作单一菜肴的专用名词。

“不得其酱不食”

生鱼、生肉食之无味，必须蘸酱而食，因此，孔子说：“不得其酱不食。”

无论是金齑酱，还是芥末酱，生鱼片调料最重要的两个味道是酸和辛。在醋被发明之前，中国人的主要酸味调料就是梅。

金齑的配料中有一味白梅，“白梅就是盐梅，是把没有熟透的青梅果实放在盐水里浸泡过夜，次日在阳光下曝晒，如此重复多遍而得”（《中国古代的生鱼片文化》）。

还可以取梅的汁水为浆，这就是“醷”，是液体，更易于调味。

梅是中国的传统食物之一。周代之前，古人用梅来清除鱼肉中的腥臊之气，是做羹汤时必不可少的调料。在1979年裴李岗遗址发掘中，就曾发现了梅核；而在《尚书·说命》逸文中亦有“若作和羹，尔惟盐梅”的记载。

梅富含果酸，食生鱼、生肉，用梅调味，不仅可以清除鱼肉中的腥臊之气，还可以软化生鱼的肉质，并且帮助人体的吸收、消化。

据《中国古代的生鱼片文化》一文所述，由于季节的限制，梅和醷不耐储存，所以，后来就有了人工制造的醋。梅曾与醋长期共存，隋唐以后，梅渐渐被醋取代。现在苏州等地出口到日本和韩国、每年价值数百万美元的“盐渍梅胚”，正是白梅的低盐改造产物。而日本料理中至今仍用的一种咸梅，则是青梅经盐和紫苏叶腌制的产物。

辛味的原料主要是生姜、芥末、花椒、桂、葵等，生鱼片调料里的辛味，来自于生姜、芥末。姜，在先秦被称为“和之美者”，不仅能去除异味，还能激发出鱼肉的鲜美，所以，在烹制鱼肉时，一般离不开姜。芥末也是土生土长的中国原料，据传在周代的宫廷中就已开始食用，是一味重要的调料，也是吃生鱼片时必不可少的蘸酱原料。

调料里的中医理论

很多生鱼片的粉丝喜欢芥末那种冲透鼻腔、醍醐灌顶的刺激感觉，但这并不是中国人发明生鱼片蘸芥末酱的理由。

芥末辛辣芳香，走蹿开窍，在外能让人涕泪交流，在内能温暖肠胃，发动气机，以便消化生冷。李时珍《本草纲目》中记载，芥分青芥、大芥、马芥、花芥、紫芥、石芥数种，其中，青芥、大芥宜入药用：“子大如苏子，而色紫味辛，研末泡过为芥酱，以侑肉食，辛香可爱。”

生姜的功效类似于芥末，但是比较温和，两者都有温胃散寒、止痛止呕、消食化积等作用。

将切过的香柔花叶拌在生鱼片里，再装饰上香柔花，就是《太平广记》中记录的生鱼片名品“金齑玉脍”。洁白的鲈鱼肉片、青翠欲滴的香柔花叶，再加上紫红色的香柔花，使得这道菜的颜色鲜艳夺目。

根据现在可以查看到的文献，除了香柔花叶，古人用来佐生鱼片的还有紫苏叶、白萝卜丝等。枚乘就曾在《七发》中说到“鲜鲤之鲙，秋黄之苏”，苏，即紫苏。

为什么要在生鱼片的下面垫上一层花叶，或者把花叶掺在生鱼片里？

海鲜汁、青芥辣汁，搭配三文鱼和海蜇头，现代版生鱼片的另类组合。

只是为了起到点缀作用吗？按照古人对吃的敬畏原则，这显然不是正确的思维逻辑。既想让生鱼片好吃，又想要自己的胃肠易于消化，除了细切肉片以外，就是用辛温芳香的中药佐餐，芥末、生姜如此，香柔叶、紫苏叶也是如此。

紫苏是辛温芳香的，可解鱼蟹的毒，很多人吃海鲜出现腹痛、腹泻、呕吐、搔痒等症状，服用紫苏就能缓解，著名的中成药藿香正气水的主要成分之一就是紫苏。吃生鱼片就紫苏叶，可以说是防患于未然。

白萝卜清脆辛辣，也能消食化积。

一顿生鱼片有这几味食材 / 中药相佐，才算是中正平和、美味健康。

《齐民要术》的“小事”

这里有必要再强调一下贾思勰为什么要费那么大功夫，搜集整理出一部今人看起来大多是居家“小事”的《齐民要术》。

“齐民”，指平民百姓，“要术”指谋生方法。在这部著作的序中，贾思勰认为，治家之理可用于治理国家。家政就如国政，国政就像家政，处理好家政，才可处理好国政。因此，贾思勰用了数年时间，搜集、整理了当时黄河中下游地区人民农牧业的生产经验、食品的加工与贮藏、野生植物的利用等。从耕种农事说起，一直到酿造各法，酱藏食物以及腌腊、烹调各法，凡是可以谋生的各种行业的“要术”，他都完整记录下来，被后世认为是“惠民之政，训农裕国之术”，对中国、亚洲乃至欧洲的农学发展都曾产生过重大影响。

《齐民要术》是中国现存最完整的一部综合性农学著作，也是世界农学史上最早的专著之一。

吃，兹事体大；吃，事关百姓社稷；吃，在古代中国，从来都不是一件小事。所以，古人用吃跟天地、鬼神沟通，用吃来规范中国的礼仪、外交，从吃的感悟中制定出管理国家的一套体系，并从吃的感悟中入世、悟道。

“斫脍”

还是从孔子的时代讲起。为使肉尽可能去除腥味，味道更可口，便于咀嚼和消化，就必须把肉切得薄些、细些，于是，孔子说“脍不厌细”。

由此，衍生出一个切生鱼片的专用术语：斫脍（“斫”，本义为砍，引申为削、切等义）。斫脍的时候，砧板上面要铺上白纸，以吸收脍刀压出的鱼汁。斫脍讲究切得愈薄愈好，且白纸上几乎没有汁水。所以，杜甫有诗曰：“落砧何曾白纸湿。”

如果鱼片被切成细丝，则称作“脍缕”。

三国时的曹植曾在《七启赋》中这样比喻切工较好的生鱼片：薄得像蝉翼、縠（一种有皱纹的丝绸），松散得像雪花，轻得能随风飘扬（原文为：“蝉翼之割，剖纤析微。累如叠縠，离若散雪。轻随风飞，刃不转切”）。

上图：2014 年 11 月，文献纪录片《中国豫菜》“临水斫脍”拍摄基地，钓鱼台国宾馆首任总厨师长侯瑞轩的弟子、非物质文化遗产“厨师之乡”长垣烹饪技艺传承人李志顺（中），现场展示中国传统“斫脍”技法，从去鳞、破膛、去腥线，到剔骨、片刀，整个过程不到 10 分钟。

下图：李志顺现场调制的蒜酱、葱姜酱、酱油、姜醋、齑酱、芥末（两种）、香油等八种生鱼片蘸料。

运肘风生的“斫脍”表演

由于“斫脍”有极高的技术要求，因此，在鱼脍流行的那些年代，“斫脍”一度成为殷实家庭、饭店酒楼招待宾客的表演项目。

进食前，请专业斫脍师傅在宾客面前表演刀艺，“运肘风生”、“左右挥双刀”，有时，表演者还使用挂有小铃铛的刀具——鸾刀，增添了音响效果和趣味性。如果说这些仅是花拳绣腿的话，那么，接下来的刀法展示则是表演者的看家本领了——小晃白、大晃白、舞梨花、柳叶缕、对翻蛱蝶、千丈线，一招一式间，谈笑风生间，那切得极薄的生鱼片便如蝉翼、像雪花、似蝴蝶般纷纷飘落于盘中，恰如苏东坡笔下描绘的“斫脍”场景：“运肘风生看斫脍，随刀雪落惊飞缕。”

晚唐作家段成式在《酉阳杂俎》里记载了脍刀手南孝廉的“斫脍”故事：南孝廉“斫脍”时，“操刀响捷，若合节奏”，切出的生鱼片“縠薄丝缕，轻可吹起”。有一次他当众表演刀艺时，“忽暴风雨，雷震一声，脍悉化为蝴蝶飞去”。

放在武侠剧里，这位仁兄绝对是独步江湖的武林高手。

固然，段成式笔下的“斫脍”场景被文学化了，但“斫脍”的技术要求及其独具的表演性由此可见一斑。

“斫脍”与“庖丁解牛”

从某种意义上说，“斫脍”技法跟2000多年前庄子“庖丁解牛”的故事是有着异曲同工之妙的。

“庖丁解牛”故事中厨师丁不用眼睛观看，只用心神领会，就可以顺着牛体的肌理结构，沿着筋骨间、骨节间的空隙使刀，连经络相连的地方都没有一点妨碍。因此，他那把用了十九年的宰牛刀，宰牛数千头后，刀口依旧像刚从磨刀石上磨过一样光亮、锋利。

这里需要做个备注才好理解：一般情况下，宰牛技术好的厨师每年需要更换一把刀，因为他的刀是在割断筋肉时割坏的（就像我们用刀割绳子一样）；宰牛技术一般的厨师每月就得更换一把刀，因为他的刀是砍骨头时砍坏的。

切生鱼片也是同样的道理。要把生鱼片切得薄如蝉翼，切得似蝴蝶飞舞，就要有相当高的技术水准，而对鱼生理结构的掌握则是达到这个技术水准的基础。

这些故事听起来有点玄乎，但在我做了多年美食记者后，在与那些虽不识文断字，却自小接受“红白案”系统训练的老一辈厨师打过交道后，我发现无论是厨师丁还是南孝廉的故事，都是合情合理的。比如，豫菜一代宗师苏永秀，别说宰牛杀鱼这类生猛活儿可以干得很漂亮，他甚至可以凭着油锅里发出的声音判断油锅里的小酥肉是否炸透、炸熟。至于把整条鱼剔肉脱骨且肉不离皮，把生鱼片切得薄如蝉翼、随刀雪落惊飞缕更是分分钟的事儿。因为这些分分钟的事儿恰恰都是苏永秀他们那代厨师的必修课、基本功，在他们那个年代里，必修课不过关，是没资格结业更没资格上灶做饭的。

但可惜的是，这些基本功，今天已经被渐渐丢弃了。不是做不到，而是更多的厨师不愿去做了。

从日本“传到中国”的“刺身”技艺

在“土生土长”的生鱼片脱离中国人的视野N年之后的某一天，它又以忽如一夜春风来的节奏，开始在中国流行。但这一次，生鱼片却是以日本籍身份出现的，同时受国人膜拜的还有日本的“刺身”技艺。

其实，除了河豚等少数鱼种外，日本“刺身”是不太追求薄和细的，这和日本和食的发展历史是有关系的。日本著名学者原田信男认为，在12世纪初期，日本的烹饪技法还是极为简单的，也就是凉拌鱼丝、寿司，煮煮生鲜食品，或者将干燥后的鱼、鸟类削成片吃，以及食用从中国传入的“唐果子”和称作“木果子”的食品。当时岛民的基本食材以鱼、鸟为主，没有复杂的烹饪方法。这个时候，“庖丁解牛”一词在日本的解释仅仅是厨师通过切割食物的刀功展示技艺。

《今昔物语集》中有这样一个故事，12世纪中期的保延年间（1135~1141年），在崇德天皇的力劝下，有个名叫藤原家成的贵族，在一场宴席中展示了切割鱼片的技艺，当时在座的人都被他熟练的技艺惊呆了。究竟切割技艺高超到何种境界，可以令在座的人看呆？书中并没有具体表述。但需

今天的“刺身”拼盘

要注意的是，这时候，中国已经进入南宋时期了，中国古老的生鱼片菜品以及令今人仰止的生鱼片切割技法，在南宋之后就开始渐渐淡出主流饮食圈了。

而从中国唐宋学到的烹饪技法，从中国传入的稻米、调料，与其配套的酒、小点心等嗜好品（包括日本人由此建立起来的味觉系统），以及素斋文化、茶道等，渐渐在岛国发展起来，并成为他们饮食中不可或缺的要素。

“饮食方面的保守性，换言之就是传统”

当然，日本饮食方式的源流要久远得多，比如日本吃生鱼片的历史，甚至可以追溯到距今六七千年前，当时属于日本的绳文时代。而根据对日本最古老的低湿地遗址鸟滨贝冢的发掘，远古日本人对鲜鱼的吃法，首选生食，其次是烤鱼串，最后才是煮食。

有学者认为，日本料理在古代受到中国及朝鲜文化的强烈影响。稻米、酱油、面条、禅林饮食、灶和甑……涵盖主食、调料、饮食理念、餐具等各方面。连最具日本特色的寿司，追根溯源，也与中国稻米文化的传入有关。但日本人遇到外来食物时，比较善于在接受影响和坚持传统之间做出妥协和调整适应，并坚持、坚守自己的文化。

那些被日本接受成为和食的外来食物，大多经过了日本文化的彻底改造。最著名的如葡萄牙人传入的天妇罗，以及变换形式的西式果子，到现在已经没有人认为它们不是日本料理了。饺子和拉面原本也是典型的中国食物，但“被日本”之后，现在竟然被作为日本风格的食物卖到它们的原产国去了。

“饮食方面的保守性，换言之就是传统。”这才是日本文化最强大的地方。

街头的烧烤

一入夏，无论你爱与不爱，郑州街头、夜市上的烧烤就会出现，成为城市的一道风景。在这种低廉的辣味的引领下，在啤酒、冰水的刺激下，其他的感受基本都是麻木的。

虽然我个人不太热衷此物，但细究“烧烤”这东西的前世今生却是一件相当有意思的事儿。

古代烧烤与平民烧烤

现代烧烤：快餐形式

烧烤，是如今 80 后、90 后扎堆叙旧的主要餐饮形式之一。一入夏，这种餐饮形式更以一种星火燎原之势迅速在郑州街头扩张、膨胀。可以说，在郑州的夏夜，有人的地方，就有烧烤。

烧烤的都是什么东西呢？肉类以羊肉、鱼肉为主，蛋蔬类以土豆、豆腐、面筋、鹌鹑蛋为主。什么味道呢？大抵是咸而辣的。烤完，放在以盐、辣椒面为主的调料中蘸一下就可以开吃了。在这种无需技术含量、以劣质辣椒面为主的味觉引领下，在各类啤酒、冰水的刺激下，其他的感受基本都是麻木的。

这种烧烤，真的跟好吃无关。

其实，烧烤原本可以很好吃，可以很优雅，甚至可以很高大上的。且不说蘸料，单说史上烧烤食材之丰富，做工之精细、繁杂、奢侈，烧烤在中国人餐桌上的几度沉浮、变迁，就足以让今天的大厨们为之汗颜了。

最原始的烧烤：燎

烧烤的历史是从远古人的“燎烤”开始的。

从茹毛饮血的生吞活剥时代到如今煎炸蒸煮炒的现代社会，人类烹饪技术的丰富，饮食习惯的改良，物种的进化，以及文明程度的进步，都要源于钻木取火的发现。而钻木取火最直接的结果是引发了人类最早、最原始的烹饪方式——烧烤。

当然，最初的烧烤方式是极为粗陋的，更没有什么技术含量。没有今天我们居家常备的烧烤架等工具，没有盐、糖等调料，可能顶多拿个树枝什么的插着肉在火里燎一燎，或者把食物丢到火里烤一下，这就是人类最原始的烧烤方式——燎烤。

也许是无意中把食物丢在火里烤熟的，也许是有意为之的，反正聪明的人类发现燎烤出来的食物似乎比生食的味道、口感更好些，于是，就此告别了茹毛饮血的饮食习惯，建立了以熟食为主的生活方式。这种以熟食为主的生活方式唤醒了人类对味觉的追求，掀开了人类烹饪教科书的第一页，并帮助人类由野蛮走向文明。

从某种意义上说，烧烤这东西其实就是人类最初对味道的认知。

走向贵族的烧烤：炙、炮、腊

自从建立了历史上第一个朝代夏朝，出现了专门以烹饪为主的厨师一职，饮食就开始步入了一个五彩斑斓的世界。

曾经是野蛮象征的烧烤，到了这个时期却咸鱼翻身，被重新打造、包装，几乎成为钟鸣鼎食之家才能享用的舌尖上的奢侈品了。究其原因，一是因为这个时期的物质还处于相对匮乏的阶段，肉食并不是家家户户随时随地都能吃到的；二是进入农耕文明以后，烧烤这种带有原始社会痕迹的饮食已经渐渐脱离了主流饮食结构，吃烧烤的时候是有限的。

由于夏商周的统治范围以中原一带为主，因此，当时中原饮食文化的发展，代表的基本就是中国饮食文化的发展。那么，这个时候的中原烧烤是什么样呢?

先来认识几个字：烤、炮、炙、腊。这几个字代表的就是当时不同的烧烤方式。

“烤”好理解。史学界根据出土的夏商时代的炊具食器与甲骨文的字形推测，夏商时期还是以整只或大块肉为主，肉烤熟或蒸、煮熟之后，用铜刀切割成薄片，蘸酱或其他调料吃。也就是说，把整只或者大块动物肉放在火上烧烤，叫“烤”。

“炙”是什么呢?也是烤的一种方式，只不过烤的对象是大块肉，而炙的对象则是小块肉。正确解释是：把肉切成小块，再烘烤而食，称为炙。这个烧烤方法有点类似于今天的烤羊肉串。

“炮”也是烤的一种，是把体积较小的动物不去毛，掏空内脏，填以调料，外面敷泥，再行烧烤。

“腊”跟烤也有关系，是把晾干的肉再烘烤一下。

夏商周时代，普通大众一般以蒸、煮等简单的烹饪方式为主，烤、炮、炙、腊之类的烹饪方式主要流行于统治阶层。追逐享乐的商纣王就曾在宫中开设“九市，车行酒，马行炙”（《帝王世纪》）。

天子烧烤专利：炮豚、肝膋

烧烤至周代，更是极尽奢华之能事。代表名菜就是周天子的专用品，后世称“周八珍”中的炮豚（乳猪）、炮牂（zāng，母羊）、肝膋（liáo，肠间脂肪）。

周是个等级森严的朝代，哪个等级可以享受到哪种等级的乐舞，礼中都有明确规定，就连吃也不例外。在这个追求礼仪最大化的朝代，献于周天子的食物自然也要严格遵守各种规则。

根据《周礼》记载，“八珍”包括淳熬、淳母、捣珍、炮豚、炮牂、渍、熬、肝膋。

淳熬、淳母是把加姜、桂等调料煎熟的肉酱浇在黍米饭、旱稻米饭上，类似于今天的盖浇饭；捣珍是取牛、羊、鹿、獐等草食动物的里脊肉反复捶打，去其筋腱，捣成肉茸后，用水汆着吃，或者用油煎着吃（如今一些北方农村依然用捣的方法做鸡肉丸子），类似于今天的肉丸子。

渍是用酒腌的食物，主要指用酒腌制的牛肉薄片；熬则类似于今天的牛肉干。

再来看看炮豚。据《礼记》记载，炮豚的具体制法是这样的：把乳猪的内脏掏干净后，以大枣填满猪腹，用草把猪缠裹起来，外涂红黏土，然后放在火中烧烤。烤毕剥去泥巴、灰土等，把用稻米粉调成的糊涂在乳猪身上，再投入放有动物油的小鼎中煎炸（油要多到可以没过小猪）。炸透后，再把小鼎放在大汤锅中煮三天三夜，才能取出切割，蘸肉酱吃。至于炮牂，程序跟炮豚一样，只是把食材换成了羊。

肝膋用的是狗肝，把狗肝用网子油（狗肠油）裹好，蘸水后加以烘烤，直到外面的油膜烤焦，再涂以稻米粉糊加工。

《礼记》曰：“夫礼之初，始诸饮食。”从烧烤一事来看，所言不虚。

虽然食材选取的都不是珍禽异兽，虽然那个时代的烹饪技术还没达到史上最高境界，但烤制程序之复杂、烤制功夫之烦琐，普通的劳苦大众是没有时间也没有那个财力享用的。

那个时代的烧烤真的是奢侈品。

不少80后、90后膜拜日韩烧烤，认为日韩烧烤无论品相还是技术，都堪为精美。看到周天子的这几道烧烤菜品之后，那些日粉、韩粉还会不会继续为日韩烧烤点赞？还有街头那些烧烤大排档的老板，假如看到烧烤曾经的这些“繁文缛节”，不知又会做何感想。

烧烤的“有助消化”

趁热吃烧烤，不仅味道鲜美，还有助消化。这是著名中医学者徐文兵对古代烧烤的注解。

如果燎烤只能算是烧烤的原始形式的话，那么最早的正式烧烤就是炙。炙的含义，从字形上更便于理解。古人造字，都是来自于生活，炙也如此。炙是会意字，从肉从火。炙的小篆字形，就是肉在火上烤，用木薪炊火，慢慢烤透、烤熟。这种加工方法能把肉里面的油脂烤出，相对可以减少油脂的摄入。油脂少了，味道入到肉里面了，烧烤出来的食物自然外焦里嫩，味道鲜美。成语“炙手可热”就是形容火焰辐射和热气上“炙”的状态。

而正是由于皮肉的焦脆，再加上小茴香、花椒、辣椒等香辛料的作用，烧烤除了美味之外，还有点类似锅巴、饭焦的功效，可以帮助消化肉积。所以说，烤鸭最好吃的是鸭皮，焦黄酥脆，容易消化，有营养。广州人干脆就吃片皮鸭，鸭肉、骨架都不要，只吃鸭皮，多少跟这个容易消化的健康理念有点关系。

不过，需要特别注明的是，徐文兵先生所说的是古人炙肉的方法：用木薪炊火，讲究慢工出细活，这样的烤肉油出、味入、皮焦、肉嫩，才好消化，有营养。现代人讲究的则是“快”，快速地切换到不同的烧烤模式，并快速地烤熟（以半生不熟的居多），这样烤出来的烧烤食物，很显然，是跟古代烧烤有着本质区别的。

炮、炙与中药

前面我们说了，把体积较小的动物不去毛，掏空内脏，填上调料，外面糊泥，再行烧烤，是谓“炮”。比如著名的炮品“叫花鸡”，就是把未煺毛的鸡掏出内脏，放入香料，用湿泥裹上放在火里烧，等泥巴焦干的时候，取出摔开，毛粘在干泥巴上自然褪去，肉烂香熟。

这种“隔火做熟”加工方法的好处有三：一、吸附食材表面的水分，并避免烤煳；二、吸附异味；三、从养生角度说，在肉的表面糊一层泥巴再烤，减少了烧烤食品对身体造成的直接伤害。

后来，随着烹饪条件的改善，隔火的介质也由泥巴逐渐变成陶罐、石锅、砂石、铁板等。现在的荷叶牛柳、锡箔纸包鲈鱼都有炮的遗风，而我们经常吃的葱爆羊肉、宫保鸡丁、铁板烧等，其做法在古代都属于炮之一类。

炮、炙的烹饪技法既能够保持食物的本味，又能够保证水分不散失。古代医者发现，天然的中药如果也经过人工炮、炙，不仅能快速脱水，易于保存，便于消化吸收，还能更好地发挥药物特长，抑制毒性，顺应人意，改变性味甚至归经，让医生使用起来更加得心应手。于是，炮、炙两法便被广泛应用于中草药的加工制作上。自南朝刘宋时雷敩的《雷公炮炙论》行世以后，炮炙、炮制便成为中药加工的代名词。

比如生姜。生姜水分大，不易保存，性温。经过切片晒干或者慢火煨制成了干姜，性质就变为辛热。进一步炮制：取砂子置锅内，用武火炒热后，加入干姜片或块，不断翻动，烫至鼓起，表面棕褐色时，取出，筛去砂子，放凉，就做成了炮姜。炮姜比重更小，性质更热，温中散寒的功效更显著。炮姜炮久了碳化变成黑色就成了“炮姜碳”，纯苦无辛，药性也变了，能温阳止血了。

还有附子的炮制，其中一种加工工艺就是把炮和炙两种方法并用。先

《雷公炮炙论》中提到的中药炮炙方法达17种之多，被后世称为“雷公炮炙十七法”。其中炮、炙、煨、炒、煅、炼、曝等常用的炮炙方法大都是从饮食烹饪中受到启发的，并沿用至今。

将已漂净沥干的附片均匀铺放于铁丝筛内，置灶内烘烤，每次烘烤一刻钟左右，取出摊晾，待水分渗出，内外湿度均匀，再烘烤。反复数次，烤至近干时，置烘柜内烘干。再取出、放凉、筛去灰屑即可。

有些动物药需要做熟以后才能服用，比如穿山甲。水煮穿山甲的鳞片无论如何也没用，所以古人用急火炮制，使它蓬松酥脆，焦黄爆裂，这样再煎煮才能被人消化吸收，发挥其药性。经过炮制的穿山甲就成了“炮山甲”或者“山甲珠”。类似的还有把阿胶炮制成“阿胶珠”的。

烧烤曾是政治地位的象征

湖南长沙马王堆是西汉初期长沙国丞相、轪侯利苍的家族墓地。在

炒砂研面

升炼樟脑

德国柏林图书馆藏清抄本《本草品汇精要》中的手绘中药炮制图。

1972年发掘的一号古墓出土随葬食品名单上，烧烤（炙类）占了很大分量，烧烤的肉类主要有牛、牛肋、犬肋、犬肝、豕、鹿、鸡等，可以说家畜、家禽与野味并重，无所不烤。这些炙品可以作为随葬食品下葬，足以说明烧烤（烤肉）在当时贵族阶层饮食中占据的地位。

即便是在气势恢宏的盛唐时代，烧烤依然带有等级标签。

当时的大唐宫廷中，曾流行一道烧烤大菜："浑羊殁忽"。主料是破膛之鹅，去掉五脏洗干净；把肉与糯米饭用五味调好，装在鹅膛内；再把鹅装进同样开膛并清洗干净的整羊的膛内，然后缝好羊腹，放火上烧烤。烤熟后只吃鹅。这道菜里，羊只起到炊具的作用，但羊的鲜味已经深深浸入鹅中。鹅中有羊的味道，羊中有鹅的味道，所以为"浑"。

原本是很简单的两道食材，由于配伍的巧妙、烹饪的讲究、味道的调和以及技法的醇厚，更彰显了“浑羊殁忽”这道烧烤大菜低调奢华有内涵的品质。

同时，“浑羊殁忽”在烧烤史上还有划时代的意义：烧烤出来的食物虽然也有蘸料，但不再像汉代以前以蘸料为主，而是在烧烤前就把调料（五味）放入食材中，使味道更加充分地进入食物。

唐代的这种烧烤技法已经越来越接近现代烧烤的模式了。

平民烧烤兴于北宋

烧烤真正走进寻常百姓家，成为平民小吃，是从北宋东京开始普及兴盛的。一方面源于经济的繁荣，一方面源于北宋朝廷对“夜市”的解禁。

美国历史学家墨菲认为：“在很多方面，宋朝是中国历史上最令人激动的年代，完全称得上是当时世界上最大、生产力最高和最发达的国家。”而物资的丰富、饮食形式的多样化也使烧烤具备了大众化的物质条件。

公元965年，宋太祖赵匡胤下令废除“夜禁”，正式宣布夜市的合法性，夜市便成了首都东京（今开封）最大的城市标签之一。来自各地、各种风味的饮食形式（包括烧烤）在此汇集，不仅繁荣了饮食业，更直接影响了市井饮食的发展。而曾经长时间被贴上贵族标签的烧烤在这个时期走下神坛，成为平民小吃的代表之一。《东京梦华录》中记载的当时夜市较为流行的平民小吃“烧臆子”就是烧烤的一种。

除了以上两大原因外，烧烤成为平民小吃可能还跟大宋的建国领袖宋太祖有点儿关系。

据《宋史·赵普传》记载，宋太祖赵匡胤黄袍加身后，踌躇满志，决

刘俊《雪夜访普图》(局部)

心歼灭诸国统一天下，但大计一时难决，夜不能寐，便冒着大雪同其弟赵光义一起到宰相赵普家商议。

赵普事先不知道圣驾光临，没有准备酒菜，又因事情重大且要保密，不敢惊动下人，便令其妻取切成小块的生肉和酒来。于是，三人各取小铁叉叉起肉块在炭火上炙烤至熟（相当于今天的烤羊肉串之类），蘸酱佐酒通宵而谋，拟定好征伐北汉的计划。

征伐北汉成功后，宋太宗认为此菜有吉祥之兆，故每次出征前皆食此菜，以兆吉祥。统一天下后，宋太宗也常同家臣以此菜为乐。民间争相效仿，一时风靡东京，名曰“御烧肉”。到了元代，此菜成为宴席的必备菜，被称为“宴上烧肉事件”，凡猪羊鸡鹌鹑之肉皆可。

虽是段野史，但想想习近平总书记前段时间吃庆丰包子后，在民间带动的“庆丰包子热”；到河南吃大刀面、喝胡辣汤后，引领的豫范儿“食尚”，也就释然了：今天的领袖尚能引起食尚风，1000多年前的领袖带头吃个烧烤，焉能不会起到群而效仿的效果呢？

流传至今的烧烤名菜

“烧臆子”、“炙肉”等都曾是大宋皇城街头店铺、夜市大排档中风靡一时的烧烤名吃。这些名吃，今天还在，只是，你在街边的大排档已经吃不到了。

一、烧臆子

臆，即胸；臆子，乃胸叉肉。烧臆子即烤出来的动物的胸叉肉。《东京梦华录》中在介绍北宋东京市井流行的饮食中就曾提起“烧臆子”这道名菜。

烧臆子的具体操作方法是将猪的胸叉肉切成上宽八寸、下宽一尺、长一尺二寸的方块，顺骨间隙穿数孔，把烤叉从排骨面插入，在木炭火上先把排骨烤透，翻过来再烤带皮的一面。边烤边用刷子蘸花椒盐水刷于排骨上，使其渗透入味。烤制时间需要四个小时左右。

相传清光绪年间，慈禧“庚子狩”返京路经淇县，当地衙门给慈禧操办的御膳上就有烧臆子，是由开封衙门派名厨世家的第一代名厨陈永祥烤制的。陈家从此将烧臆子作为家传名菜之一，现由第五代传人陈伟传承。

陈家烧制的烧臆子色泽金黄，口感醇厚，肉质软嫩，皮脆酥香，令人叫绝；若再配以葱段、甜面酱，并辅以主食荷叶夹或者片火烧，味道更佳。

陈氏烧臆子

炙子骨头

二、炙子骨头

炙子骨头是北宋时期的宫廷烧烤菜肴，极负盛名。这道菜选用的是羊肋肉（或猪肋肉），加工后进行腌制，再用木炭炉火炙烤，成菜时色泽红润，肥而不腻，嫩香滑美。

烤制这道炙子骨头，除了烤制的时间、火候有严格要求外，取肋骨也相当有技术含量：要由腰窝处数起，每扇肋骨只取6~8根，肋骨上要2厘米厚的带肥瘦肉；将每根肋骨从中截开，每节都是10~12厘米长；还要把每一端的骨膜刮开，使骨骼翘起。

《东京梦华录》记载，炙子骨头是天宁节（宋徽宗生日）群臣祝寿时盛大御宴上的第二道下酒菜。而据《武林旧事》记载，南宋时，临安街头依旧流行“炙骨头”。

到了元、明，烹饪专著《居家必用事类全集》和《多能鄙事》中又详尽记载了它（书中称为“骨炙”）的烹制方法，其后在中原地区一直盛传不衰。

三、炙金肠

把羊肠用醋搅打，而后将肠衣翻转，再换醋加葱花搅打，彻底去除异味后，用清水清洗；羊肉洗净剁碎，加盐、白糖、胡椒粉、葱花、姜末、白酒、花椒水、芝麻油等调料腌渍入味后，装入羊肠内，两头用细绳扎紧，每隔 20 厘米（长短根据自己喜好调整）用细绳系成段，挂在通风处晾一周。

烤时，将羊肠切成段，用竹签从一头穿入，放在木炭火上炙烤。烤至半熟时，用刷子将蛋黄均匀涂在羊肠上，边烤边涂，烤至内馅已熟，色呈金黄时即成。这就是《东京梦华录》记载的又一道市井饮食：炙金肠。

20 世纪 80 年代中期，由豫菜名家高士选、李全忠等组成的“宋菜研究小组”，在挖掘、整理、仿制出的一批北宋名菜中，就有这道市井菜品。

北魏著名农学家贾思勰在《齐民要术・炙法》中记载有 20 款菜肴的制作方法，其中不少炙品（烧烤菜品）采取了涂料上色工艺，可以使菜肴外形美观，色泽艳丽。炙金肠采用的即是书中介绍的用蛋黄涂色的方法。

这种纯天然的上色方法诚然取决于当时的物质和科学技术发展条件（想作假都没条件），但多少也跟世道人心有点关系。

古人对吃的敬畏之心要远远超出现代人的想象：祈雨做法事要给龙王他老人家捎点儿好吃的，逢年过节为了表示自己不忘本，就给老祖宗供点儿好吃的。这点俗礼就连皇帝老儿也不能免，祭天地祭鬼神，哪样他不都得精心准备些好吃的打点？

在吃这件事儿上，古人讲究的是心意，所以从来都不嫌麻烦，也从来不愿意凑合。

烤鸭

四、烤鸭

烤鸭也是一道烧烤名菜，这道菜今天的吃货都不陌生，北京烤鸭就是这一类的代表。但是，关于北京烤鸭的由来，开封、北京两地始终在打口水仗。

开封一派认为，北京烤鸭是从北宋东京流传到北京的。据文献记载，烤鸭（炙鸭、烧鸭子、叉烧鸭）是汴京市肆中的名肴。金破东京之后，大批工匠艺人和商贾随康王赵构徙于建康（南京）、临安（杭州）一带，烤鸭这个美食又成为南宋民间和官宦之家的珍馐。元灭南宋后，元将伯颜曾将临安的百工技艺徙至大都（北京），烤鸭从此成为北京宫廷和市肆佳肴。

北京一派则认为北京烤鸭始于明初南京。明成祖朱棣篡位迁都北京后，顺便带走了不少南京城里的烤鸭高手。在嘉靖年间，烤鸭又从宫廷传到了民间。

如今的北京烤鸭究竟是从哪里流传到北京的？我不是研究此类的专家，在此不妄加评论。但是，不管是从哪一个城市走出去的，反正烤鸭这道美食在明清时代达到了精美的程度：不仅烤鸭的工艺要求更精更细，而且烤鸭所用的鸭子也开始专门饲养，因而出现了鹅鸭城、养鸭房、养鸭场等专门喂养鸭子的场所。这个时候，制作烤鸭还分为挂炉烤和焖炉烤等形式。

挂炉烤是以枣木、梨木等果木为燃料，在特制的烤炉中明火烤制而成。果木的甜香侵入鸭体，带有一股独特的清新。

焖炉，其实是一种地炉，炉身用砖砌成，大小约一米见方，特点是“鸭子不见明火”，由炉内炭火和烧热的炉壁焖烤而成。过去焖炉烤鸭是用秸秆将烤炉的炉墙烧热，然后将鸭子放入炉内，关闭炉门，全凭炉墙和柴灰的热度将鸭子焖烤而熟；炉内的鸭子是否烤熟，可根据时间、颜色、火力等来确定。因需用暗火，所以焖炉要求掌炉人具有很高的技术，必须掌握好炉内的温度：温度过高，鸭子会被烤煳，反之则不熟。

如今，虽说烤鸭的制作流程、烤制方法各地大抵相似，但各地烤鸭由于食材、饮食习俗的不同，在制作和出品上也更加多元化：比如，在郑州，由于距离全国著名枣乡之一的新郑较近，因此，在以主营烤鸭出名的餐厅内，烤材基本以枣木为主；在荷叶饼、甜面酱、菊花葱以及黄瓜条等传统搭配的基础上，河南传统面点烙馍和高炉烧饼也成了烤鸭的标配。

烙馍，是河南的传统特色食品，是在铁鏊子上烙制成的饼，民间有“烙馍卷辣椒，越吃越添膘”之俗语。烙馍既省时又方便，面粉掺水一揉，铁鏊子一支，边烙边吃，一个快手可以供五六个人吃。有时，两个人也可以配合起来，一人擀，一人烙，一张鏊子，就可满足几十人甚至上百人的主食需要。在河南一些地区，凡遇婚丧嫁娶红白喜事，都要吃烙馍。

有的餐厅搭配烤鸭的则是高炉烧饼。高炉烧饼，是开封著名的传统面点，亦是河南省十大风味名吃之一。所谓高炉，民间俗称“鸡窝炉”，可推车沿街叫卖。高炉烧饼是用发酵面制作，将面剂揉匀按圆、包芯，然后一手摁住圆片，一手持刀，边转边划，剞成一圈花边，然后单面沾芝麻贴烤，外形颇有点像浓缩版的新疆著名面点：馕。只是比馕多了一层“芯”，且“芯”里面被揉进了五香粉等调料，口感更松软、更鲜香。民间多根据个人口味、经济条件，单食或夹食牛羊肉、四批油条、八批油条、馓子、炒凉粉等，故也有“烧饼夹串”、“中原汉堡包”之称。

在同质化的烤鸭制作中，再加入一点点地域色彩，既有了差异化，又有了乡情元素，烤鸭的味道也变得更加丰富瑰丽起来。

五、孔府“白烤”菜

宫廷与市井之外，还有一样不得不说的烧烤是孔府烧烤。自汉代确立了儒家思想在意识形态中的主导地位后，孔氏后裔世代受封，孔子故里建立的孔府成为我国历史最久、家业最大的世袭家族。

这个有2000多年历史、前后共77代的家族，谨遵“食不厌精，脍不厌细”的祖训，对于饮食肴馔的精益求精，是任何家族、家庭都无法比拟的。

孔家的厨师多为累代世袭，且分工细密，自成体系，突破了地域以及帮派的限制，融百家之长，取各地之精华，华贵典雅，精巧细致。因此，孔府虽地处鲁地，饮食却比鲁菜中庸、平和，更接近于中原饮食“和”的烹饪理念。

孔府菜里，也有烧烤一脉，其中就有秘不外传的“白烤”菜。

“一般烧烤都是红烤，因为肉一烤就变色，为此很多烧烤菜肴还特意

孔府白烤菜之烤花兰鳜鱼

在被烤的食物表面刷上糖色，以增重菜肴的颜色和光泽。但‘白烤’则要使烤过的肴馔不变色，故只能隔物而烤，如烤花兰鳜鱼。把鳜鱼调好味，外面裹以网子油（狗肠油），再裹一层密封的面饼，然后在烤箅上用木炭火烤熟，剥去外皮，趁热上席，鳜鱼色白而肉嫩，鲜香之味极浓。”

这种烹饪方法在其他地方并不多见，是孔府厨师根据中原饮食代表“周八珍”中的肝膋制法发展变化而来的，不过比肝膋制法精致典雅了许多。

欢声灯影里的开封夜市

1000多年前，当北宋政府明确废除夜禁，并正式宣布夜市的合法性时，夜市便成了开封最大的城市标签之一。历经千年后的今天，夜市依然是开封最大的城市标签之一。外地人眼中的开封夜市，就是“天上星，头顶灯，身边炉灶，四周人声，连板凳都是肥的，连人影都是香的，连风都饱了，连星都馋了”。

真正的夜市始于北宋东京

夜市，在哪里

1000 多年前，当北宋政府明确废除夜禁，并正式宣布夜市的合法性时，夜市便成了开封最大的城市标签之一。

无论今天的人喜不喜欢逛夜市，喜不喜欢吃夜市，夜市就在那里。但在北宋之前，无论中国老百姓有多喜欢，夜市都很难在那里。

也就是说，北宋之前，出于管理上的需要，中国的历朝历代都实行“夜禁”，即坊和市分开，实施封闭式管理。所以，日暮鼓动，坊市禁闭，路人绝迹，唯有逻卒。那时候的夜市不能说没有，但基本没得到官方许可，虽然也有禁令执行不严的时候，但也都没有形成规模。

即便是繁华如梦的盛唐时代，城、坊、市门也必须日头一落就关闭，城市里面普遍夜禁，连燃烛张灯也有限制，一年中只有上元节不“禁夜”，其余的夜间，民众不得在居所以外从事任何活动。在首都长安，每晚“执金吾”

（类似警察或城管的执法人员）以鼓声告知百姓，“禁夜”即将开始；次日晨，钟楼响钟，代表禁夜结束。据《太平广记》记载，晚唐著名诗人温庭筠就曾因“醉而犯夜，为虞侯所系，败面折齿”。

宋朝以后，明清两朝依然实行夜禁，《大清律例·夜禁》称：“凡京城夜禁，一更三点，钟声已静之后，五更三点，钟声未动之前，犯者，笞三十。二更、三更、四更，犯者，笞五十。外郡城镇，各减一等。”

没有夜市的城市生活是怎样的呢？

首先，人身自由受限制，用现在的话说就是：不是特别人性化。谁家晚上没个什么着急事儿啊，有个事儿，还不让人去“别坊”，也就是另外的居民区、小区串门（估计也能串门，但程序会比较复杂，批复有点慢），确实有点不近人情。

其次，生活不是很方便、不是很好玩儿。举个例子吧，如果那些朝代的政府官员、商务人士突然加个班开个会什么的，需要从城东回到城西自己家时，估计街边连个吃泡面的摊位都没有，得饿着肚子回家自己下泡面吃，还得白天提前买好在家预备着。

这些成功人士尚且如此，更别说年轻的草根一族了。想泡吧？没有；想K歌？美死你！想逛街？那纯属有点想挨揍的意思。

白天工作了一天，晚上想出去偷个闲都不能，只能在自己家摆酒设宴，这日子过得实在不怎么好玩儿，更别说可以三五成群地挖掘美食、尽享口福了。

真正的夜市，从北宋开始

到了北宋，中国才开始有了大规模、合法的夜市，中国的城市居民才开始有了属于自己的夜生活。

当时北宋政府基于现实考量，开始取消夜禁。《宋会要辑稿·食货》载：

“太祖乾德三年四月十三日，诏开封府，令京城夜市至三鼓已来，不得禁止。”此诏的颁布，明确宣布三鼓以前的夜市开始合法化。

首都东京开始坊市合一。到了徽宗时期，东京的商业已发展到鼎盛时期，夜市更是盛况空前，没有营业时间和营业地点的限制，常常是夜市未了，早市开场，间有鬼市，甚至还有跳蚤市场，成了不夜城。

夜市上，人来客往，买卖兴旺。孟元老在《东京梦华录》中用了大量笔墨来描绘夜市：朱雀门外街巷的街心市井，至夜尤盛；潘楼东去十字街，茶坊每五更点灯，至晓即散；大抵诸酒肆瓦市，不以风雨寒暑，白昼通夜，骈阗如此。卷二专列“州桥夜市”一节：“自州桥南去，当街水饭、爊肉、干脯……直至三更。”州桥夜市，跨御路、临汴河，位于东京水陆要冲，加上壮观的州桥，巍峨的明月楼，使得这里风景如画，游人如织。马行街的夜市更是繁盛，“车马阗拥，不可驻足”，熙熙攘攘，热闹非凡。

北宋首都的夜市都有什么？

北宋东京的夜市有餐饮、商业和文化之分，而夜市上饮食的规模、品

《七夕夜市图》

今日的开封“小宋城”夜市，尽显当年汴京夜市的繁华

种更是丰盛，推进了当时饮食业的繁荣，更直接影响了中国的市井饮食，是市井饮食文化的代表。

夜市上，有香糖果子，有李四家、段家的北食，金家、周家的南食，王楼山洞梅花包子、鹿家包子，郑家的油饼，万家的馒头，史家的瓠羹，丁家的素分茶，曹婆婆家的肉饼等名牌小吃，也有酒蟹、獐巴、爊冻鱼头、水晶皂儿、沙糖冰雪冷元子、荔枝膏、批切羊头、旋炒栗子、乳炊羊、鹅鸭排蒸、荔枝腰子、水晶脍、烧臆子、莲花鸭签、酒炙肚肱、胡饼、入炉羊、羊头签、鸡签、盘兔、炒兔、葱泼兔、假野狐、金丝肚羹、石肚羹、假炙獐、煎鹌子、生炒肺、炒蛤蜊、炒蟹等近百种流行小吃。

夜市的热闹还带来一个意想不到的效果，就是驱蚊虫。马行街是当时东京最热闹、繁华的夜市之一。宋《铁围山丛谈》一书记载：“天下苦蚊蚋，都城独马行街无蚊蚋。马行街者，都城之夜市酒楼极繁盛处也。蚊蚋恶油，而马行人物嘈杂，灯火照天，每至四鼓罢，故永绝蚊蚋。”

什么意思呢？就是说由于马行街夜市饭馆酒楼很多，烹饪产生的大量油烟可以驱蚊，所以蚊虫绝迹，有人自然乐得在此地流连。

有了夜市，意味着什么

大宋开启的真正的夜市生活，在中国的政治、经济和社会史上，具有划时代的意义，有学者认为："大宋王朝之所以能以突飞猛进的姿态，创造出比其前朝和后代都要巨大的财富，应该说是取消禁夜令，把夜晚还给老百姓的结果。"

著名作家李国文认为："禁夜和不禁夜带来了天壤之别——后者可说是开启了全日制的中国。一个实施禁夜令的朝代，就等于给精神带上了枷锁，人的积极性和主动性无从谈起。"

他在《宋朝的夜市——这才开始了全日制的中国》中说："某种程度上，这有点类似十一届三中全会以后，不再提'以阶级斗争为纲'，调动了中国人前所未有的能量而出现的改革奇迹一样。人心齐，泰山移。人的能动性要是激发出来，确实具有不可思议的力量。难怪日本历史学家内藤虎次郎的'唐宋变革论'认为，唐朝是中世纪的结束，宋朝是近世的开始。"

大宋的夜市，还被李国文视为"中国取消人身限制的开端"。他认为，生活在中国历史"黄金时代"的宋人，可以一天掌握自己的24小时，从此不视人眼色、不仰人鼻息、不受人制约。

然而，宋朝的意义远不止于此，陈寅恪说："华夏民族之文化，历数千载之演进，造极于赵宋之世。"

千年之后的开封夜市

历经千年之后，如今，虽然老开封们对开封夜市已经"不甚感冒"，

黄焖鱼

五香风干兔肉

但外地人看开封夜市，依然是“天上星，头顶灯，身边炉灶，四周人声，连板凳都是肥的，连人影都是香的，连风都饱了，连星都馋了”。

鼓楼夜市、西司夜市、东郊夜市、学院门夜市、武夷夜市等因规模较大，现在已经成为开封夜市的代表。夜市上，黄焖鱼、炒凉粉、兔肉、羊头肉、垛子肉、酱牛肉、烧饼、火烧、拉面、灌汤包子等传统小吃与烧烤是主打，杏仁茶和冰糖梨则是饭后必点甜品，临了，再拎两包花生糕、绿豆糕，这趟夜市之行才算圆满。

黄焖鱼一般以小鲫鱼为主料，经炸制、汤焖而成的，所以，肉质鲜嫩、入口即化。更妙的是，刚端上的黄焖鱼，尽管被泡过、焖过，但依然能保持油炸过的焦脆。

兔肉一般有风干和普通两种，初来乍到的外地食客通常认为普通兔肉新鲜，实则五香风干兔肉才是开封的一道经典传统风味，是老开封的最爱。开封旧例，风干兔肉不计重量，论块出售。一只兔子剁八块，前腿两块、后腿两块、腰窝两块（称“蝙蝠”，即为两肋）、后座（臀部）一块、脖子一块。另外兔头、内脏亦卤制出售，不在八块之列。

五香风干兔肉相貌并不惊人，还有点黑不溜秋的，可撕一块兔肉放进嘴里，肉质筋道、耐嚼，间或透着一丝被时间二次制造出来的味道，那至醇至香的口感既有“蓦然回首，那人却在灯火阑珊处”的惊喜，更有“春路雨添花，花动一山春色”的清雅，或下酒，或佐餐，乃宵夜佳肴。

20世纪初，五香风干兔肉是和花生糕、桶子鸡、灌汤包子等齐名的开封代表小吃，店家颇多，最有名的是“长春轩”。长春轩五香兔肉很是独特、讲究。一般选用1.5公斤左右的野兔，剥皮开膛、去内脏，置阴凉通风处风干7日，再入冷水浸泡，然后剁块用开水汆洗，置于锅内，中间留一圆洞，放置花椒、大小茴香、砂仁、豆蔻、丁香、面酱、冰糖、白糖、苹果等辅料，对入老汤，用大火煮一小时，再用文火煮一小时，凉后捞出即成。1900年

开封夜市小吃

八国联军进北京，慈禧、光绪仓皇出逃。1901 年，慈禧、光绪一行回銮途中路经开封，当地官员特意请长春轩名师制作五香兔肉进奉，慈禧尝后大加赞赏，并传话说回北京时要捎回若干。从此，不但长春轩野味店声名鹊起、家喻户晓，开封街头制作和出售五香兔肉的商家也趁势而起，增加了许多，每至夜晚挑担沿街叫卖者亦不在少数。通常都是一盏“电石灯”，两个托盘，几个碟子，内置兔肉，就是全副家当了。

改革开放后，大概随着野生动物的保护，野兔难寻，于是，五香风干兔肉渐渐沉寂，想吃这口儿，也只有在夜市上踅摸了。当然，如今这兔肉也已然不是野兔了。

垛子羊肉郑州等地也有，但论整体品质，还属开封。开封街头大部分挂着清真牌子的垛子羊肉品质都相当不错，如果把垛子羊肉夹到刚出炉的开封一绝——吊炉烧饼中，那味道，更是别具一格的美。

宫廷杏仁茶，一定要用龙嘴铜壶里的热水冲开杏仁粉才显其正宗。浓白的汤汁上再撒上百合、玫瑰花瓣、樱桃、芝麻、花生、青红丝，品相极美，那白色的汤汁浓浓的、滑滑的，和着百合的清雅、玫瑰的暗香，以及花生、芝麻、青红丝的醇厚，舌尖、味蕾瞬间在滑糯中又添了几分雅致，那味道、那口感，含在口间，久挥不去，柔美得“恰似一江春水向东流”。

冰糖梨则是将红梨与冰糖、蜂蜜、玫瑰叶等一同煮熟，皮棕肉白、晶莹透亮、香甜清爽，还有止咳润肺、口齿生津的功效。吃完满嘴的咸食，再来一碗这样的甜品，胃里胃外都会相当舒爽。

宋时的“沙糖冰雪”遗风尚在，只是如今已变成了炒冰、炒酸奶。再加上鼓楼食坊等夜市的摊位是在仿宋式的作坊里经营的，店主、伙计都穿着宋装吆喝，街头还有着宋装的演员免费为食客表演宋代流传至今的民间故事，恍惚间，还真有些穿越到大宋朝的感觉。

《清明上河图》（局部）

1997 年，美国《生活》杂志（*LIFE*）回顾 1000 年来对人类生活影响深远的 100 件大事，中国有 6 件，其中之一就是宋代开封的饭馆和小吃。

皇城根儿的骄傲

90 后下厨，源于忍无可忍

如果不是因为远在国外，王薇无论如何感受不到吃在生活中的重要性，也体味不出大多数开封人骨子里就带着的对于吃的敬畏。

王薇今年 22 岁，是土生土长的开封人。2013 年 9 月，她远赴重洋，到美国马里兰大学帕克分校攻读金融专业硕士学位。不到一年的时间，以前从不下厨的王薇成了典型的烧饭婆。

刚到国外，王薇觉得每天吃汉堡、牛排这些洋餐、快餐挺好的，可两个礼拜、一个月下来，胃受不了了，就满世界找中餐馆吃饭。吃了一两顿，王薇发现，鲤鱼背上的面条出了国就变成面饼了，跟爷爷做的鲤鱼焙面显然没有可比性。好好的一盘红薯泥，那泥炒得疙瘩是疙瘩，泥是泥的。王薇想起，爷爷在家做红薯泥，是要先蒸，再碾成泥，然后再用油、绵白糖小火慢炒出来的，工序很复杂，可吃起来口感绵软，入口即化，齿颊留香，

红薯泥

胡辣汤

唉，想想都让人直流口水。

终于喝着胡辣汤了，那汤真叫胡辣，其实就是做好汤后浇上去一层红红的辣椒油。想起家乡的胡辣汤，王薇差点落泪：家乡的胡辣汤，无论荤素，汤汁都是清亮亮的，粉条都是滑溜溜的，而且酸不见醋，辣不见椒，那个辛辣，主要靠的是制汤和地道的黑胡椒。

没想到，在国外吃中餐比在国内吃洋餐更痛苦。国外的中餐馆其实是开给老外吃的，因为人家打小就没尝过真正的中国菜，就像国内的西餐厅其实是开给咱们中国人的，道理是一样的。

想明白了这个道理，从小没做过饭的王薇忍无可忍，开始凭着记忆下厨做饭。

王薇对饮食的不淡定，最终导致了来自四川、广东等一干同学的集体讨伐：敢情还真是从皇城根儿出来的人哈，气场大了去了！这里的饭确实说不上好吃，但也算不上有多难吃。我们都能吃，凭什么你就不能吃？这让我们情何以堪啊！

垛子羊肉

小笼灌汤包子

香煎藕饼

烙馍

王薇也很委屈。

她的家在当地算不上富有，但她是在这样的吃的环境下长大的90后：她家五口人的饭桌上，基本上每顿饭要有两到四盘菜，而这几盘菜，必定搭配得有荤有素、有硬有软，即便是中午吃卤面、烙菜饼，也至少有一盘菜、一个汤搭配着，否则，用爷爷的话说就是："不能吃饭了。"通常，为了第二天饭桌上的一盘炒红薯泥，爷爷会提前一天做很多准备工作。

早上想喝胡辣汤，爸爸会带王薇跑到城墙根儿喝一碗羊肉胡辣汤或者素胡辣汤。早点摊上，除了胡辣汤、羊双肠、四味菜、烧饼、黄焖鱼、包子等，油条也有讲究，一般分单批、双批。单批的胖、油大，但嚼起来特香；双批油条相对清淡些，但更有回味。还有四批的、八批的。开封的油馍头，跟郑州的不一样。首先是个儿大，胖胖的、鼓鼓的，看起来就像油条的"头儿"一样；其次是味道足，后味还有点像单批油条的口感。

还有鸡蛋鳖，也叫鸡蛋布袋。就是把鸡蛋放进一个炸得半熟的面布袋里，再放进锅内炸至金黄色后出锅。鸡蛋鳖被炸得外焦里嫩，面布袋在和面的时候放有调料，所以更加鲜香可口。

在这样的城市中长大的王薇，对吃的追求起点自然比别人高。

焦皮花生和炒凉粉

为了生存可以暂时向老板低一下头，为了家庭稳定，夫妻可以相互妥协，但开封人从不会在吃这件事上将就，甚至更愿意在吃上付出更多时间和精力。

也是，在开封，哪里的双麻火烧最好吃，哪里的四味菜最好吃，哪里的蜜三刀最好吃，开封人心里都有谱儿，所以，一大早遛完弯儿，开封人就开始了一天的饮食生活。

四味菜和扣碗

双麻火烧

焦皮花生

炒凉粉

早晨到书店街排老长的队，只为买俩大梁包子；大夏天的顶着大太阳骑个把钟头的自行车，跑到一个犄角旮旯，只为找那家好吃的羊肉拉面馆。

想吃焦皮花生了，几个老开封通常会在周一跑到胭脂河市场守一位老先生出摊。那是位 70 多岁的老人，他卖的花生都是自己一个一个挑好，然后用自己的方法炒制出来的，分黑皮花生与红皮花生两种，都是五香的，个头大、外皮焦、仁儿香，而且只要每次吃完把花生袋口扎好，通常放两个礼拜都不会皮。所以，虽然老先生的五香花生比别处卖的贵一块钱，但开封人依然乐此不疲首选他的花生：好吃啊。

除了花生确实好吃，卖花生的老先生的怪脾气也让他的老客们心敬仰之：一周来一次，只卖一竹篮花生，卖完就走。初次来买花生的食客难免要问一下价钱，可老先生就不乐意了，因为很明显你不是他的常客。人家老先生说了，这么大岁数还炒花生、卖花生，给自己挣个零花钱倒是其次，主要是图个乐子，就好这一口儿。

卖货的人“就好这一口儿”，买货的人也“就好这一口儿”。因为在开封人看来，大凡有点儿本事的人有个小脾气才是正常的，才是咱地道的皇城根儿的人。

开封人讲究吃，对品质追求之执着、固执，在其他任何一个城市都很少见。

想吃鸡蛋糕了，他们会拿着鸡蛋、面粉、白糖什么的拐到一个老胡同里，胡同里有一位专门做鸡蛋糕的老爷爷，他家做的鸡蛋糕味道最好，当然排队的人也最多。所以老客们一般是早上五六点钟把做鸡蛋糕需要的食材送去，傍晚去取鸡蛋糕。

想吃双麻火烧了，老北京馆是一个选择，还有一个选择是胭脂河附近的一个犄角旮旯里。别看地儿偏，可由于双麻火烧都是现烤的，味道嘛，更厚重，所以冲着双麻火烧去的老客非常多，小小的胡同通常被排队取火烧的人围得水泄不通。

别看现如今开封景点、夜市卖炒凉粉的挺多，但外地人吃到的并不一定是开封人认为正宗的。因为炒凉粉虽是一道小食，想要炒好并没那么容易。第一，要把凉粉切成厚薄均匀的四方片儿，记住，是片儿，可不是块儿。第二，要配上最地道的开封西瓜酱（老开封叫“豆什儿”），当然酱的品质一定要有保证。做酱一准儿要用汴梁西瓜，否则就会败味，为啥？翻开《中国烹饪百科全书》的“西瓜”条目看看，品质排在第一位的就是汴梁西瓜。第三，炒的时候要掌握火候，既要有薄薄的一层焦片又不能把凉粉炒化……

反正，简约不简单。

正因为对吃的品质的讲究，所以，初来郑州的开封人对郑州街头翻炒得无形状的、可以吸溜着吃的炒凉粉都有点惊诧：凉粉也可以这样炒吗？那也太没技术含量了吧。

而对于外地人推崇的开封夜市，一些挑剔的老开封还会露出近乎鄙夷的神情：那也能代表开封？

糖醋软熘鲤鱼焙面

老开封人待客，必定要到地道的老店吃一道地道的开封名菜：糖醋软熘鲤鱼焙面。

这道菜的吃法很有讲究，要先食鱼，而后以焙面蘸汁入口，是谓“先食龙肉，后食龙须”。后来，干脆直接将“焙”好的面覆于鱼上，如同锦鳞盖被，所以开封老百姓有按其音将“鲤鱼焙面”叫作“鲤鱼被面”的。据说，20世纪70年代初，尼克松率团访华时曾经吃过这道菜，翻译将它译为“鲤鱼盖被子”，倒也颇合其意。

熘鱼和焙面搭配成菜，仅有百余年的历史，但两个菜品的历史却很悠久。糖醋软熘鲤鱼是由宋代的宋嫂鱼羹和煎鱼演变而来的，金元时期称为“醋鱼”，明代称为“醋搂鱼”，清末采用“软熘”和“烘汁熘”技法，始称“糖醋软熘鲤鱼”。

焙面又称“龙须面”。明清时期，开封人谓每年农历二月初二为“龙抬头”，这一天达官显贵以至市井乡人，以龙须面（细面条）相互馈赠，以示吉祥。龙须面原为煮制，烧卤汁食用。

熘鱼焙面制作技艺独特，把软熘和烘汁熘技法同用，唯河南独有，以开封为代表，以“活汁”著名。所谓活汁，历来二解：一是熘鱼之汁，需

地道的开封糖醋软熘鲤鱼焙面，一定是熘鱼和焙面各一盘且同时上桌，至于是先吃鱼再“盖被子”还是先“盖被子”再吃鱼，那就随食客喜好了。

达到泛出泡花的程度，称作汁要烘活；二是因为吃过熘鱼之后，要把鱼汁重新烘制，再把焙面和入而食——这里的“和”读 huó，有搅入的意思，所以重新烘制的鱼汁也被称为“活汁”。焙面干燥酥脆易于吸汁，食之酥香适口，达到一个菜肴，两种风味，相得益彰的效果。

清光绪二十七年（1901 年）辛丑回銮，慈禧、光绪一行返回北京，路经开封时曾驻跸月余。适逢慈禧 66 岁生日，相传，开封巡抚衙门为她祝寿，尝试将龙须面与熘鱼搭配，改为焙制，称为“焙面”。光绪和慈禧太后食后，连声称赞。光绪称之“古都一佳肴”，慈禧则说：“这怎么能叫面哪，应该叫龙须才对啊！”并以“熘鱼出何处，中原古汴州”一联赐给开封府以示表彰。

20 世纪 30 年代，又一新饭庄名师苏永秀等人改用馄饨皮切成细丝，以油炸制。后又改进用面拉制，细如发丝，仍叫焙面。

糖醋软熘鲤鱼焙面看似简单，但熬糖醋汁的技巧、软熘鱼的火候功夫、拉面的水准、炸面的松脆程度，都是考量一个厨师合格与否的标准。百余年来，开封历代烹饪大师们打小学艺，都要跟着师傅学做这道“中国名菜”、河南省第一批非物质文化遗产名录里的名菜。这是基本功，也是皇城根儿的态度。所以，这道菜，除了开封厨师或者从开封走出来的厨师能做得好外，你在其他地方吃到的都不是那个味儿。

煎扒鲭鱼头尾

枣红色的鱼块，看起来很普通，就像家常的烩鱼块，可夹一口细品你才会发现它的不一般：鱼肉紧致细腻，鲜嫩的口感加上浓汁的浸润，肉的香混在汁里，汁的浓伴在肉内，汁和肉就这样达到了和谐统一。这道菜就是传说中的开封名菜之一：“煎扒鲭鱼头尾”。

煎扒鲭鱼头尾是以 2.5 公斤左右的野生鲭鱼为主料，整留头尾，鱼肉成

煎扒鲭鱼头尾

块，煎至金黄后铺到锅箅上，以武火见开，小火扒至入味。这一煎一扒，使鱼肉更加鲜嫩、汤汁更显醇厚，口感极佳。所以，路过此地的“公知”、显要们都要品尝此菜。

1923年，65岁的康有为游历开封期间，河南军政要员在又一新饭庄设宴款待他。名厨黄润生等精心烹制了几道开封特色名菜，康有为品尝后连连称好，其中最让他赞叹的便是煎扒鲭鱼头尾。食毕，康有为便以西汉奇味五侯鲭为典故，当即泼墨写下“味烹侯鲭”四个大字。余兴未尽，又在一把折扇上题写：“海内存知己，小弟康有为”，赠给制作此菜的“灶头”黄润生。

黄润生，长垣籍中国名厨、又一新饭店创建人之一。开封名菜“干炸鲤鱼带网”就是他在北宋名品“干炸鲤鱼”的基础上，再淋上蛋糊，炸成丝状做成的。做这道菜的难度在于炸、浆并举，边浆边淋。炸好的鲤鱼，金黄的蛋丝围在鱼的周围，丝不离鱼，鱼不离丝，肉嫩丝酥，既好吃又好看，

左图：康有为题“味烹侯鲭”

右图：康有为给黄润生题字的扇面

从此才有了“干炸鲤鱼带网”之说。

1960年，黄润生任开封饮食技术学校副校长，除亲自为学员授课外，还主持编写烹饪技术讲义，从烹饪理论到例菜选择，倾注了毕生心血。而他手把手教过的学员，后来大都成为国内顶尖名厨。

七朝古都的饭馆和小吃

不管是对吃的讲究，还是生活状态的随性，开封人骨子里的骄傲不是没有来由的。

1997年，美国《生活》杂志（*LIFE*，秋季刊）回顾1000年来对人类生活影响深远的100件大事，中国有6件，其中之一就是宋代开封的饭馆和小吃，排第56位。

开封古称大梁、汴梁、东京、汴京，是国务院首批公布的24座历史文化名城之一。战国时期的魏，五代时期的后梁、后晋、后汉、后周以及北宋、金等七个王朝都曾建都于此，故又称七朝古都。

北宋时期，开封作为国都汴京（东京），是中国政治、经济、军事、科技、文化、商业的中心，也是当时世界上最繁华、面积最大的都市之一，当时就已经有居养院、漏泽园等福利机构，这些都是一个国家、一个城市高度文明的特征之一。

作为1000多年前的大宋皇城，东京当时的人口已过百万。为什么强调人口？因为在城市人口大量扩张的同时，为适应大量消费人群和各地不同口味人群的需要，东京的饭店也迅速发展起来了。

学者伊永文曾在《行走在宋代的城市》中指出：“在宋代以前的城市里，高楼并非没有，但都是皇宫内府，建筑供市民饮酒作乐，专事赢利的又高又大的楼房，是不可想象的。只是到了宋代，酒楼作为一个城市繁荣的象征，才雨后春笋般发展起来了。”

市井饮食自然就是市井文化中最令人垂涎的一章。当时的东京，汇集了全国饮食的精华，“宫廷”、“官府”、“寺庵”等饮食形式渐已成熟，但市井饮食才是真正的饮食主流。当时，其（东京）店铺之多，“不能遍数”；规模之大，能容千人。“在东京正店七十二户”，皆自酿造名酒，著名的礬楼、杨楼、八仙楼客常至千人。经营品种仅据《东京梦华录》一书记载就有 280 余种，烹饪技法可识别的有 50 余种。

东西穿城而过的汴河流至泗州（今江苏盱眙），汇入淮河，是东京赖以建都的生命线，也是东南物资漕运东京的大动脉。由于汴河沿线往来舟船、客商络绎不绝，临河自然形成为数众多的交易场所，称为“河市”，最繁华的河市应属东京河段。所以，来自江淮的粮米、沿海的水产、西夏的牛羊、福建的果品等在东京城一应俱全。

中国宋史研究会副会长、河南大学历史学教授程民生介绍，北宋开封饮食业的繁盛和饭店业的形成，在世界历史上有着重大意义。

在西方人的眼里，开封饮食和饭店业在那个时代的辉煌令他们感到神奇和不可思议。以下是程民生委托郑州轻工业学院教师黄亚娟在美国亚特兰大从事对外汉语教学时，代为查找和翻译的西方学者的几段文字：

“很久以前，小旅馆就已经向远离自家厨房的出门人出售食品饮料，小吃铺就已经提供外卖，人们也已经在特别场合举办排场的宴会了。然而一直到 1120 年，才有了能被称作‘饭馆’的场所。在饭馆里，人们可以买一餐饭，坐下来享用。饭馆首要满足的是人们社交和美食的需要。”

“12 世纪的中国官员孟元老可以说是史上第一位饭馆评论家。他的笔录详细描述了北宋（960~1127 年）都城开封渐渐兴起的饭馆文化。当时开封的百万人口中，求新好异的食客不在少数。干体力活儿的常去不起眼的小店吃面条，做买卖的常光顾饺子馆。据孟元老的笔录记载，从 1120 年左右起，上夜班的还可以在夜市吃牛肚、血冻、炸猪肝和炸鹅肉。小甜水巷的许多饭店专做南方菜，这也是最早的地方菜系之一。”

开封人还对服务质量相当挑剔，“即便是小小的疏忽，也报告给饭馆掌柜。于是跑堂的免不了挨一顿责骂，扣工资，严重的时候甚至被驱逐出门”。

在张择端的《清明上河图》中，东京城内“处处各有茶坊、酒肆、面店、果子、彩帛、绒线、香烛、油酱、食米、下饭鱼肉鲞腊等铺。盖经纪市井之家，往往多于店舍，旋买见成饮食，此为快便耳”。

“你看不到唐时长安那堂皇气派的王者风范，但市民之忙忙碌碌，力夫之竞竞营营，店铺之财源滚滚，车马之喧嚣过市，仕女之丰彩都丽，文士之风流神韵，建筑之鳞次栉比，街衢之热闹非凡，绝对是唐朝的长安、洛阳见不到的市井繁荣景象。”（李国文《宋朝的夜市——这才开始了全日制的中国》）

这样的都城、这样的饮食，想想，都是一种魅惑。

从北宋流传至今的小吃

果子、冰雪（用冰制成的冷饮）、糖炒栗子、宋嫂鱼羹等，这些如今在很多城市都很常见的小吃，就是从北宋东京街头的市井饮食中流传至今的。

什么叫果子呢？在北宋，果子是生果、干果、凉果、蜜饯、饼食的总称。这个称呼，今天我们还在用。虽然经过长时期的演变，果子的含义稍有不同，但本质没变。

举个例子。煎饼里面裹着油条或者馓子的那个叫作“煎饼果子”的东西，用的就是这个“果子”的意思。如今，西北地区还把油炸面食叫作果子；江浙地区则把用面做的零食叫作果子；湖北人习惯把油条叫作“油果子”，把糖果叫作“糖果子”；在豫东地区，至今当地居民还把过年自己吃和馈赠亲友的一种点心称为果子。日本的果子叫法也是那个时候从中国传过去的。他们称中式果子为“中华果子”、“唐果子”，日式果子为“和果子”。

河南大学黄河文明与可持续发展研究中心郭西梁认为：“宋之前并没有果子的说法。果子之所以出现在饮食文化昌盛的宋代，是源于发酵技术和炒菜的相继出现和成熟。因此，北宋时，用发酵技术制作蒸饼、馒头等面食，用炒的方式制作菜肴的方法开始普及，改变了煮、炸、烤在宋以前长期霸占烹饪领域的状况。果子的出现是烹饪制作技术大幅度提高的一种表现，对中国饮食文化的发展具有承前启后的重要作用。”

郭西梁强调，《东京梦华录》卷二中，孟元老把果子和饮食写在一起，既表明了果子在北宋饮食里的重要地位，同时也反映了宋代饮食文化的一种特色——素食之风。当时的中原人逐渐摆脱了唐代粗犷的饮食风格，素食增多，“胡化”色彩减弱，中国饮食开始向细腻精致转变。

程民生说，糖炒栗子也是源于北宋东京街头的一种零食“旋炒栗子”、“爁（即炒）栗”，其中以“李和炒栗”名气最大。陆游早年曾在东京尝过李和炒栗，故晚年在临安（今杭州）吃到糖炒栗子后，感慨颇多，于是作《夜食炒栗有感（漏舍待朝，朝士往往食此）》一诗，诗云：“齿根浮动叹吾衰，山栗炮燔疗夜饥。唤起少年京辇梦，和宁门外早朝来。”

清代史学家赵翼在《陔余丛考》卷33“京师炒栗”中也提到北宋东京以炒栗名闻四方的李和及其家人，作为能工巧匠被金人掳之燕京后，将其技术传之当地，并一直延续下去。清朝北京的炒栗似乎就传自东京名家李和，当时依然为全国最好的炒栗。“今京师炒栗最佳，四方皆不能及。按宋人小说：汴京李和，炒栗名闻四方。绍兴中，陈长卿及钱恺使金，至燕山，忽有人持炒栗十枚来献，自白曰：‘汴京李和儿也。’挥涕而去。盖金破汴后，流转于燕，仍以炒栗世其业耳。然则今京师炒栗，是其遗法耶？”

宋代饮食业的繁荣并不局限在有权阶层，甚至有宫廷饮食取于宫外的记载。

大宋南迁后，令当时的太上皇还念念不忘的一道民间小吃，就是传至今天的“宋嫂鱼羹”。宋嫂鱼羹如今是杭菜的一道传统名肴。将主料鳜鱼蒸熟剔去皮骨，加上火腿丝、香菇竹笋末及鸡汤等烹制而成。因鱼羹鲜嫩润滑，味似蟹羹，故又称“赛蟹羹”。

袁褧《枫窗小牍》（多记汴京见闻，以及临安杂事）卷下与周密《武林旧事》卷三都曾记载过宋嫂鱼羹的一段史话，换作现代汉语讲解，大致就是：

宋五嫂乃北宋东京人士，原是东京大户余家佣人，擅长制作鱼羹。南渡后，宋五嫂流落在临安以卖鱼羹为生，宋嫂鱼羹很快成为当地名吃，连皇家也经常购买品尝。淳熙年间，已是太上皇的宋高宗经常在西湖游玩，对西湖的民间饮食“时有宣唤赐予”。

顺便八卦一下，这位宋高宗乃是曾被任命为“兵马大元帅”，却在救援京师时移屯以避敌锋的“康王赵构”，在临安建立南宋后，以“莫须有”罪名杀了抗金名将岳飞的“圣神武文宪孝皇帝”，也是史上少有的长寿帝王之一。

那天，宋高宗吃到久违的宋嫂鱼羹后，听说宋五嫂是东京人士，便一下勾起了自己的思乡之情。于是，他命人唤来五嫂，凄然慰谈东京旧事，末了，还对五嫂大加赏赐。自此，宋嫂鱼羹声名鹊起，富家巨室争相购食，宋嫂鱼羹也就成了驰誉杭州的名肴，并得以流传至今。

这种不分阶层的饮食文化促进了宋代市井阶层的发展，使得市井饮食文化在宋代达到高峰，同时，也直接影响了开封人沿袭至今的饮食习惯。

清末的大相国寺。清代，开封的小吃与夜市仍沿袭宋代遗风，相国寺内是民间交易及游乐的最佳场所。清代钱泳的《履园丛话》卷十八“古迹”内记载有相国寺“百物充盈，游人毕集，为汴梁城胜地”。

1927 年，冯玉祥将军主政河南，将相国寺改为“中山市场”（不过，一般市民仍沿袭老名称，还是叫“相国寺”），是当时开封市最热闹、繁华的市场，中小饭铺和小吃摊以及推车、挑担儿、挎篮儿、挎盒盘的小贩大多集中于此，就连冯玉祥也时不时到市场里品尝风味小吃，为开封小吃闻名全国起到了推波助澜的作用。

包子发展至今天，已近2000年“高龄”了

今天，南北各地最为常见的街头食品——包子，是由馒头发展而来，至今已有近2000年的历史，是最悠久的中国传统食品之一。

“包子”之名最早出现在古都开封。到了北宋，市井饮食的发展达到高峰，包子进入了全民食品行列，山洞梅花包子、软羊诸色包子、猪羊荷包、鹿家包子、万家馒头、孙好手馒头等都是当时流行东京街头的著名“品牌”。

太学馒头和肉包子

包子最早叫馒头

肉包子最早被称为“馒头”、“蛮头”、“馒首”，其名的由来，相传始于诸葛亮。

相传蜀汉建兴三年（公元 225 年）秋天，诸葛亮收服了孟获，同西南少数民族建立了良好关系后，班师回朝。当大军行进到泸水时，忽然阴云密布、狂风大作、巨浪滔天，军队无法渡河。这时，孟获对诸葛亮说：“此水原有猖神作祸，往来者必须祭之。按本地习俗须用七七四十九颗人头，加上黑牛白羊祭供。”当地土人也说：“自丞相经过之后，夜夜只闻得水边鬼哭神号。从黄昏到天亮，哭声不绝。”诸葛亮说：“这是我的罪过。千余士兵都死在水中，狂魂怨鬼，不能消散。”有人建议用四十九颗人头为祭，诸葛亮听后说：“吾今事已平定，安可妄杀一人？”

于是，诸葛亮命令行厨宰杀牛羊，在外面包上和好的面，做成人头的样子，称为“馒头”，用来代替祭祀的人头。诸葛亮将馒头等祭物拿到泸水河边，摆在供桌上，并命人读祭文。读罢祭文，诸葛亮放声大哭，极其痛切，情动三军，无不下泪。他又令左右将祭物尽弃于泸水之中。第二天，受祭后的泸水云开雾散，风平浪静，大军顺利地渡了过去。从此以后，人们就把馒头作为祭祀的供品。

人们食用了祭祀的馒头之后，发现它是一种不错的食物，馒头便渐渐成为人们生活中不可缺少的食品了。

当然，这只是《三国演义》中的文学描写，并不能完全取信。

到了北宋，出现了史上最为著名的馒头：“太学馒头”，“炒作”它的人乃是宋神宗。

元丰初年的一天，宋神宗视察国立大学——太学时，想趁便了解学生的饮食情况，就让人把太学生吃的饭拿过来。这天正赶上吃馒头，宋神宗尝了以后，非常满意，说道：“以此养士，可无愧矣！”馒头受到皇帝的赞扬后，太学生们回家省亲时总是带着它们作为礼品馈赠，太学馒头从此远近闻名。

宋室南移，太学馒头也被带到了南宋首都临安（今杭州）。岳飞的孙子岳珂，参加完宫廷的宴会回到家里，曾写了首馒头诗，诗云：“几年太学饱诸儒，馀伎犹传笋蕨厨。公子彭生红缕肉，将军铁杖白莲肤。芳馨政可资椒实，粗泽何妨比瓠壶。老去齿牙辜大嚼，流涎聊复慰馋奴。”从诗中推测，太学馒头是将肉切成丝再拌进花椒面、盐等调料制成馅，再用发面做皮的，颜色白皙、质地软嫩、味道鲜美，即使是没有牙齿的人，也能放开大嚼。

而大概因为开封当时是首都的缘故，把肉包子称为馒头的叫法影响了当时的大江南北，至今，江南一带还有生煎馒头、鲜肉馒头一类的面食，其实指的都是肉包子。

再往后，馒头渐渐又演变为两种，一种是有馅的，叫“花色馒头”，又称作“包子”；一种是无馅的，叫“白馒头”。我国北方称有馅的叫“包子”，无馅的叫“馒头”，而吴语区有馅无馅统称“馒头”。

“包子”最初不是吃的，而是用于发礼金的“红包”

带馅馒头为什么后来又改叫“包子”啦？先来说说“包子”的字意。

“包子”之名的出现，最初跟吃完全无关，而是用于发放礼金的“红包”。

中华书局1963年以陈昌治刻本为底本，并两页为一页的缩印版《说文解字》对“包”字的注解是这样的：“象人裹妊巳在中，象子未成形也，元气起于子，子，人所生也。男左行三十，女右行二十，俱立于巳，为夫妇裹妊于巳，巳为子，十月而生。男起巳至寅，女起巳至申，故男年始寅，女年始申也，凡包之属皆从包。”“包”本意为裹。

孕育生命，喜降麟儿，是个人、家族乃至国家之喜，故“包”字从创建之日始，便代表着吉祥、喜庆，是极讨口彩的一个字。

而“子”在古代，除指后代、地支等多重意思之外，还有“结果实”与“重量较轻而币值较低的钱币”之意。如，北魏贾思勰《齐民要术》中：“李性坚，实晚，五岁始子，是以藉栽。”三国时期学者孟康注《汉书》中说：“重为母，轻为子，若市八十钱物，以母当五十，以子三十续之。”

无论“包”，还是“子”，都是寓意极好的字。因此，就有了亲朋邻里、朝廷大臣之间的“包子”社交。什么意思呢？就是用布帛、纸张等把银钱包起来，作为礼金、红包表达庆贺之意。这个社交习俗五代时就有，到了北宋，则成为一种全国流行时尚，尤其皇室发放给大臣的“金珠包子”更是任性。宋人王栐《燕翼诒谋录》记曰：“大中祥符八年二月丁酉，值仁宗皇帝诞生之日，真宗皇帝喜甚，宰臣以下称贺，宫中出包子以赐臣下，其中皆金珠也。”宋人蔡絛（史上著名“奸臣”蔡京的儿子）《铁围山丛谈》卷四记载：“祖宗故事，诞育皇子、公主，每侈其庆，则有浴儿包子……包子者，皆金银大小钱，金粟、涂金果、犀玉钱、犀玉方胜之属。”

有钱人家把金银财宝放在“包子”里，没钱人家怎么办呢？好吧，遇到喜庆事，把平时吃不到的肉菜什么的放在面皮里当“果实”，也就是馅料，蒸熟后吃到肚子里也是一个很实惠的“包子”。

至今，大部分中国家庭都还保留着一种习俗：在除夕夜的这顿饺子中，包几个内有钱币或者其他特别之物的饺子，谁吃到就预示着他来年必定一帆风顺、万事如意。祝福不在嘴上，而是让你吃下去，记一辈子，顺心一辈子，这是中国人最实在、最厚道的一种祝福方式。包子亦如是。

而带馅馒头的存在恰恰符合了包子的某些诉求，因此，馒头就渐渐充当了包子的部分角色，并被改叫“包子”。而为了表示有“包”起来的动作，以及考虑到包馅料的方便和包子的品相，馒头的外形也从开始的无褶渐渐变成了有褶。据《清异录》记载：五代时，汴州（今开封）阊阖门外大道旁出现了张手美家的“绿荷包子”，这是中国饮食史上最早出现的有文字记载的可以吃的包子，也是馒头与包子在中国文字记载中的第一次互称。

到了宋代，由于经济的空前发达，发酵技术、炒菜的普及，市井饮食的发展达到高峰，再加上宫廷发放“包子”的力度空前，包子与馒头进入了全面混称阶段：灌浆馒头、太学馒头、羊肉馒头、鱼肉馒头、四色馒头，水晶包儿、笋肉包儿、虾鱼包儿、江鱼包儿、蟹肉包儿、鹅鸭包儿、七宝包儿、山洞梅花包子等。包子与馒头开始并驾齐驱成为全民食品，馒头铺、包子铺和酒肆、茶坊一样，在宋人的生活中处于重要地位，这种称呼和饮食风尚直接影响了今天中国人的饮食结构。

怪包子和大梁包子

包子之名始于开封，史上最著名的包子也都出生或成长在开封，在这种“世家”氛围中长大的开封各派包子自然有着得天独厚的风味。

20世纪30年代，开封老城曾发生过两起跟包子有关的食坛怪事。

开封市相国寺西角门内，戏院对面，有一家专门卖“油炸包子”的饭铺。发面肉包子头天蒸熟后，第二天放入油锅内炸好再卖。油炸包子，外焦里嫩，肉香可口，让一些老开封人至今回忆起来仍垂涎欲滴。

无独有偶，开封市财神殿街北口还有一家专卖“剩包”的。死面素馅（粉条、韭菜、鸡蛋、虾米馅），多是头天下午或夜间蒸好的，第二天热了再卖。与油炸包子相同的是，“剩包”卖完了，新蒸的包子却不卖。这种“剩包”在不加保鲜剂的情况下不酸不馊，且味道鲜美，不少开封本地人不买新鲜的包子，而专门来买这家的“剩包”。

可惜，抗战后，这两家以卖“怪包子”出名的包子铺再也不开张了。

开封老城还有一种曾经闻名全国的回族风味包子，叫作“瓠包”，以瓠瓜为馅，用羊脂、胡椒粉调味，风味特异。

瓠瓜系瓜类蔬菜，为葫芦的变种。葫芦皮厚、中间细，像大小两个球连在一起，表面光滑。而瓠瓜则大肚长把，皮薄水多，肉色洁白，质地柔嫩，味道清爽淡泊。中医认为其味甘性寒，具有利水、清热、止渴、除烦等功效，因此，葫芦在中国人的字典里就是长寿的象征，我国的年画和戏剧里的老寿星通常都是手拄拐杖，腰里挂着一个大葫芦。

开封人在吃上特别讲究。土生土长的老开封们会在古城的大街小巷踅摸美食的踪迹。一个个被人津津乐道、赞不绝口的美味儿往往不是出现在窗明几净的饭店里和精雕细琢的瓷盘中，而是珍珠般散落民间，仿佛扶着城墙也能听到旧时作坊里的叫卖声，走在胡同里也能闻到特色小吃的香醇。

藏在胡同里的大梁包子馆

大梁包子就是20世纪90年代初开封人在胡同里搜出来并得到老百姓认可的小食之一。

早晨的阳光拉开了古城的繁华，鼓楼广场书店街南口大梁包子馆的门前已经排起了长队。和小笼包子的小巧不同，大梁包子个头贼大，肉包子一块五毛钱一个，菜包子一块钱一个，显得厚道实在。

肉包子以纯猪肉馅为主，也最受欢迎。包子皮是松软的，那肉馅则紧致抱团，鲜香浓郁，且馅厚皮薄；素包子不仅有韭菜鸡蛋粉条的，还有虾皮香菇、白菜等以时令蔬菜为主的其他几种馅儿。除了包子，大梁包子铺还有八宝粥等粥品。与包子一样，碗奇大，碗里的货更实惠。两块钱一大碗的八宝粥熬得黏黏稠稠的，花生、大枣、糯米、薏米仁等食材每一口都能吃得着，这样的一个包子、一碗粥，用开封人的话说：吃着真得劲儿。

天下第一包：灌汤包子

而河南省第一批非物质文化遗产，全国首批“中华名小吃”、“中国名点”，提起来像个灯笼、放下像朵白菊花，不掉底、不跑汤，名扬海内外的开封第一楼灌汤包更是开封人的骄傲。

开封第一楼

小笼灌汤包子原名灌汤包子，俗称汤包，据说是北宋都城东京城内七十二家正店之一“王楼”的名品——“山洞梅花包子”的延续。山洞梅花包子是当时开封的著名市食小吃。20世纪30年代，开封第一楼创始人、包子名师黄继善将大笼蒸制改为小笼蒸制，而且连笼上桌，始称“小笼灌汤包子”。

黄继善生于1892年，河南滑县人。因家中贫困，15岁来到开封一家饭馆当学徒。出师后在北书店街开了一家小饭馆，算是有了安身立命之地。那时，曾在大公馆里当过厨师的周孝德也在街上开了个小店，卖灌汤包子。周孝德的手艺好，生意也好，但他已年近七旬，且孤独一人，撑不起门面。于是，他就约黄继善合伙开饭馆，两人还达成协议：由黄继善出资，周孝德献技，黄继善对周孝德“生养死葬”，并托人具保（就是找人担保）。

1922年，黄继善在山货店街19号大院，以每月五块大洋的租金租房开饭馆。这个大院据说以前是抚台大人的公馆，进门有三间房，房后是一个空院。黄继善就在前面的三间房里盘火安灶，在空院里搭棚招待顾客。小馆主要经营的品种有：灌汤包子、吊卤细面、挂粉汤圆、桶炉火烧。房院虽然简陋一些，却因周孝德手艺高，包的包子灌汤流油，软嫩鲜香，肥而不腻，再加上黄继善经营有方，生意很快就红火起来。当时开封第一大菜馆“又一村”正好坐落在小馆的对门，那里的顾客饮宴之后，常常指名要小馆的灌汤包子做主食。因此，小馆的名气越传越远。

小馆红火了，黄继善想，饭馆也该有个名啊。于是，他找到房东吴仲琳，请吴先生给提个字号。吴先生是个文化人，见多识广，根据“在京第一”之意，取名“第一点心馆”，还亲自用虎皮宣纸写好，这就是如今“第一楼”的第一块招牌。

后来，由于吴家宅院要开商号，黄继善便在街南口路东买了一座二层小楼，把“第一点心馆”迁到这座小楼，改字号为“第一楼点心馆”，并请清末的一个举人祝洪元题了匾。从此，老开封人便将“第一楼点心馆”简称为“第一楼”。

七七事变的第二年（1938年），开封沦陷，百业萧条，第一楼也逃不出这个命运，每天收入仅够活命。没办法，黄继善便将大笼蒸包子（八印铁锅、二尺一寸的蒸笼）改为小笼，由每笼50个包子改为每笼15个。从此，灌汤包子改名为“小笼灌汤包子”。

1956年，政府对第一楼进行了公私合营。1957年，开封市政府又将第一楼的店址由山货店街迁至繁华的商业区——寺后街，正式更名为“第一楼包子馆”。黄继善也当选为开封市人大代表，并被授予“名老艺人”的称号。

开封第一楼灌汤包子选料严谨，制作考究，具有皮薄馅大、灌汤流油、软嫩鲜香、肥而不腻的特点。肉只选用猪后腿肉，七分瘦三分肥。当年，黄继善为了保证猪肉品质，专门跑到开封南郊的花生庄采购，因为当地的农民收获花生以后都把猪赶到地里去拱花生茬地，这种吃了花生长大的猪，皮光毛亮肉味香，口感柔韧。

制作小笼灌汤包子馅的过程不叫“拌馅”，叫“打馅”。制作包子馅时，先用手，后用馅板，在馅里有顺序、有节奏地打，一直把馅打得稀稠如粥，

提起像灯笼、放下像菊花的灌汤包，就是这样成形的

拉成长丝不断，才算合格。灌汤包的包子皮只用死面，不用发面，这样可以使皮更薄，又不掉底，因此不仅对面粉品质有要求，和面更讲究，不但要和到、揉到、饧到，而且还要搓、甩、拉、拽，三次贴水，三次垫面，经过三软三硬的过程，直到面团光滑、筋柔才行。和好的面每两下五个剂子，大小要均匀，擀的包子皮要边薄里厚，提起来才能包子嘴不厚，包子底不漏。每个包子要达到18~21个褶。蒸包子的火要大，蒸的时间长短与火候配合全靠“悟”，靠经验。时间不到不熟，长了掉底。

吃小笼灌汤包子也有讲究。第一次吃的人，往往第一口会把里面的汤溢到身上，还会被烫得龇牙咧嘴。第一楼总结了这样一条吃小笼灌汤包子的经验：轻轻提，慢慢移，先“开窗”（咬一小口），后喝汤，一口吃，满嘴香。1990年，全国27个大中城市、100多家名店在杭州西子湖畔竞香，开封第一楼灌汤包子还赢得了“天下第一包”的赞誉。

这种对吃的完美追求，构成了开封饮食文化最重要的一部分。

薄皮素包

北宋徽宗之前，是没有“菜包子”这个称呼的。后来，首都汴京城内的广大人民群众受主流思潮的影响，认为“六贼之首”蔡京无能，篡权误国，是个混账草包，加上蔡京爱吃包子，且“蔡”与“菜”同音，于是，就把蔡京当“菜包子”卖了。从此，“一包菜”、“菜包”就成了蔡京的专有称谓。

菜包子和蔡京

菜包子原是骂蔡京的

本章，说的是菜包子，它的命名跟北宋著名“奸臣”蔡京有关，原是当年身居大宋皇城的开封人民为蔡京量身定做的一个骂名，后来骂习惯了，改不了口，菜包子便成了素包子的代名词。如果没有蔡京，也许就没有今天的菜包子这个称呼，所以，说菜包子之前，不得不先消费一下蔡京本人。

蔡京是何等人，中国历史早已盖棺定论。但当我把碎片化的历史信息叠加在一起的时候，却发现了一个不一样的蔡京，虽然我知道这是一个拉仇恨的节奏，可总有些历史是有必要让后世重新解读和认知的。为了鼓励自己敢说真话，开题前，我还是先为自己点个赞吧。

北宋徽宗之前，是没有菜包子这个称呼的。那时候，素馅包子通常被称作酸醎、酸鎌、酸馅或馂馅。

后来，汴京城内的广大人民群众受主流思潮的影响，认为“六贼之首”

蔡京无能，篡权误国，是个混账草包，加上蔡京爱吃包子，且“蔡”与“菜”同音，于是，有一天，城内卖酸馅的忽然冒出了一个新式叫卖声音：“卖一包菜、一包菜喽！”也不知道蔡京怎么得罪卖酸馅的了，反正，卖酸馅的因为恨蔡京，就把蔡京当“菜包子”卖了。从此，“一包菜”、“菜包”就成了蔡京的专有称谓。

时间长了，渐渐地，菜包子代替了酸馅等称谓，成了素包子的统称。

因为深恨某个群体或某人，就把他们想象成某种食物，然后剁剁，煎了炸了烩了，最后吃进肚子里，于是乎，气消了，恨也解了。这种中国老百姓独有的“复仇”方式听起来很阿Q，也有点难以理解，但仔细想想，这一招既不损人，又解了恨，出了气，还无意中创制了一道美食新品种，说起来也是一种相当有效的自我解压方式。

学霸蔡京

大部分中国人对于忠奸善恶的判断大抵在孩童时就开始形成了。岳飞与秦桧，杨家将与潘仁美，永远是城市姥姥与乡下奶奶不过时的育儿宝典。尤其是生长在我大开封的那部分小伙伴，每每被姥姥牵着手走到龙亭湖时，都会被喋喋不休地灌输，什么杨家湖水是清的，潘家湖水是浑的。临了，姥姥必定还会做出这样的总结：所以说，做人一定要清白，一定要忠义，否则死后也会被人唾骂。于是，少不更事时，忠奸善恶之分便被模模糊糊地印在了脑海中。

在姥姥们讲述的奸与恶的人物里，自然包括奸相蔡京。在开封人的意识里，正是由于蔡京的篡权误国，金兵才毁了我大宋皇城，占了我大宋河山。

在这种描述中长大的孩子，对蔡京的基本解读就是土豪、菜包、酒囊饭袋的代表，事实上，这也是之前蔡京留给我的所有记忆点。直到研究包子这个吃食时，我才发现，出身知识分子家庭的蔡京既是学霸，也是颇有些济世情怀的政治家，当然，更是一个正经吃货。

蔡京是福建仙游人，出身学霸世家，与父亲蔡準、弟弟蔡卞皆进士出身。一门出两代进士不稀罕，稀罕的是，后来，蔡京的后人中有六个儿子、五个孙子都是学士，可谓学霸中的学霸，这样的气场真心不是普通家庭所能比的。

蔡京还有一个学霸堂兄蔡襄。蔡襄，北宋名臣，大书法家，与苏轼、黄庭坚、米芾享有“宋四大书家”之美誉。蔡襄18岁时就考了开封乡试第一名，后中进士。蔡京的书法被称为飘逸、奇俊，据说少年时曾得到蔡襄指点，青出于蓝而胜于蓝。关于“苏、黄、米、蔡”宋四大书家的具体所指，后世始终存有争议，争议的焦点就是这个“蔡”究竟是蔡京还是蔡襄？相对流行的说法是：“蔡”最早的归属乃是蔡京，但由于蔡京后来成为大奸大恶之人，所以，后世用蔡襄取代了蔡京。

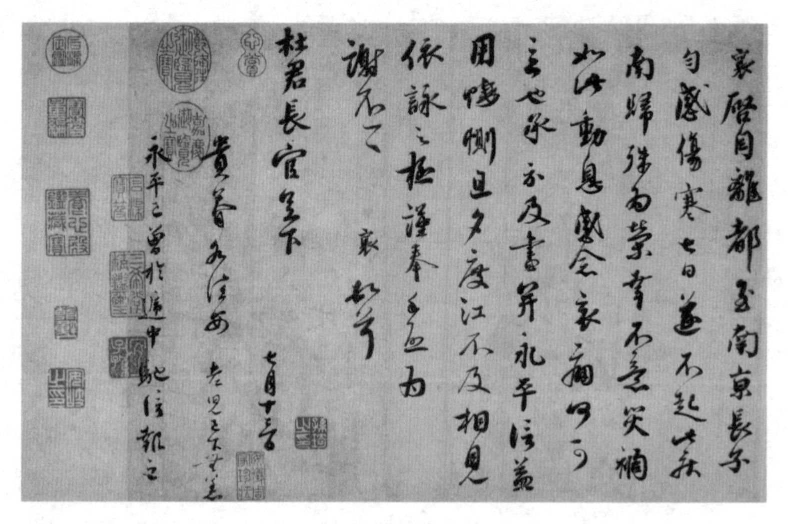

蔡襄书法

蔡京的治世之才

以书法、诗词、散文见长的蔡京24岁时与弟蔡卞中同科进士，在京师名噪一时。不仅才高，据说，青年时的蔡氏兄弟长相颇为俊朗、阳光。王安石当年“见（蔡卞）而奇之”，不仅把女儿许配给了蔡卞，还“使从己学”，可见喜爱之深。

对蔡卞，王安石是喜爱；对蔡京，王安石则是欣赏。蔡京的儿子蔡絛在《铁围山丛谈》中回忆：“王舒公介甫，熙宁末复坐政事堂，每语叔父文正公曰：‘天不生才且奈何！是孰可继吾执国柄者乎？’乃举手作屈指状，数之曰：‘独儿子也。’盖谓元泽。因下一指，又曰：‘次贤也。’又下一指，即又曰：‘贤兄如何？’谓鲁公。”

文中，“王舒公介甫”即王安石，“叔父文正公”指的是蔡卞，“鲁公”则指蔡京，是蔡絛对父亲蔡京的尊称。蔡京曾被封为鲁国公，故有此称。

中国古代史博士、天水师范学院文史学院教授杨小敏认为：“若蔡絛记载属实，则这段资料反映的是熙宁八年（1075年）二月以后到熙宁九年（1076年）七月以前的事。说明至少在熙宁年间，王安石对蔡京的能力还是看重的，对他评价比较高。也许这就是熙宁九年七月以后蔡京能到中央任职的原因。”

宋徽宗重用蔡京，这是众所周知的事实。其实早在元丰年间，蔡氏兄弟的才干就已经得到了宋神宗的认可和赞许。

《续资治通鉴长编》记载，元丰五年（1082年）七月，蔡京从事官制修订的工作。宋神宗认为：“京久在官制所，谙知创法本末。其弟卞虽见充详定，缘系暂置官局，所职止于看详文字，别无政事关由，虽兄弟共处，理亦无害。”

元祐元年（1086年），朝政发生重大变动，在宣仁太后的支持下，旧党首领司马光、吕公著等相继还朝执政。此时，“光既复差役旧法，蔡京知开封府，即用五日限，令开封、祥符两县，如旧役人数差一千余人充役，亟诣东府白光，光喜曰：‘使人人如待制，何患法不行乎？’”

王安石欣赏蔡京不奇怪，因为他们本就是一党中人，神宗则是王安石新法的倡导者。但问题在于不仅新党领袖欣赏蔡京，王安石的政敌司马光等人也对蔡京称许有加。这两位的人品都属正直一路，举两个例子就知道了。苏轼反对王安石变法，但在“乌台诗案”后，新党成员要置苏轼于死地之时，世传已经退休金陵的王安石却上书神宗皇帝：“岂有圣世而杀才士者乎？”而司马光则在同党中人抨击王安石时，说了这样一句话：人言安石奸邪，毁之太过。

元祐四年（1089 年）六月，史学家、“三范修史”之一范祖禹反对蔡京知成都府时，并不否认蔡京的才能，而是担心蔡京从成都府任上回京后被朝廷大用，挤入执政行列。据《续资治通鉴长编》载，元祐七年（1092 年），大臣梁焘再次反对蔡京知成都府时，有人说：“闻旧帅多滞事，此人有才，要使料理。”“这也显示出，许多人公认蔡京的才干。”（杨小敏：《蔡京、蔡卞与北宋晚期政局研究》）

就连一向支持元祐党人、排斥新法的向太后居然也帮着蔡京说话。徽宗初立，大臣曾布想把蔡京逐出京，向太后却力主蔡京为翰林学士承旨，曾布不同意，向太后便有些生气：“只是教他做翰林学士，了却神宗国史。干枢密甚事？”

向太后这人，“绝非等闲之辈”。她是神宗皇后，哲宗非她亲生，却是因她力荐，得立。哲宗无子，她力排宰相章惇之议，徽宗才得以即位。在个人与家族荣誉、利益方面，向太后不“以私情挠公法”，低调、谨慎，始终能以国事为大。徽宗继位后，她在徽宗的恳请下垂帘听政，虽也倾向于元祐党人（旧党），并采取了一些措施，但始终没有进行大规模的改制。

同时，她了解朝中大多数臣僚对后妃干政的看法，所以，垂帘六个月后，便主动还政于徽宗。“如此，庶几不违父教，不辱先相门风。又俗谚云：‘被杀不如自杀’，不成更待他时，教他人有言语后还政？何如先自处置为善。”故“众皆称颂皇太后盛德，前世所无”。

蔡京可以同时被不同政见、不同门派的领袖认可、接受，殊为难得。如果他仅是曲意逢迎、阿谀奉承之徒，无才无能无操守的话，是不能够让王安石、司马光、向太后等人为他点赞的。当然，要想在现有条件下，实现自己的政治理想、抱负，能够审时度势，并适当做出妥协，也是必需的。不然，难道历代名相都是不食人间烟火、不懂人情世故就可成就一番伟业的么？

徽宗赵佶

提到蔡京，就不能不提宋徽宗赵佶。因为正是徽宗，成就了蔡京的“奸相”之名。

赵佶继位纯属意外。由于他的哥哥、23岁的哲宗忽然驾崩，于是，当时尚为端王的赵佶被临时拉来凑了个数。时任宰相章惇却不买这个临时凑数的账，他认为赵佶轻佻，不可君天下。但由于太后的力挺，为人“轻佻”的赵佶最终还是被扶了正，并亲手埋葬了北宋江山。

撇去皇帝身份不说，赵佶是个相当有才情的人。他的瘦金体、工笔花鸟堪称一绝。在他的传世名画《芙蓉锦鸡图》中，赵佶用自己独创的瘦金体题了一首诗：“秋劲拒霜盛，峨冠锦羽鸡；已知全五德，安逸胜凫鹥。”诗中，他把自己比喻为五德俱全的锦鸡，而他追求的就是“安逸”。

在位期间，有才情的赵佶就连出个考题都极尽文艺范儿。以“踏花归去马蹄香”、“山中藏古寺”等诗词为题进行的画考极大地刺激了当时中

赵佶《芙蓉锦鸡图》

国画对意境的追求。张择端那幅名传千古的《清明上河图》也是因为得到了赵佶的鼓励、支持而得以成画的。甚至画成后，赵佶还亲自题了款，一时，《清明上河图》名动天下。

赵佶也爱运动，蹴鞠是他最为擅长、最为喜爱的一个运动项目，中国足球史上迄今为止最著名的两位“球星”高俅、李邦彦，就是因为脚上功夫好而成为赵佶宠臣，并最终沦为千古奸臣的。

赵佶爱吃，传说京城名妓李师师为了留住他的心，专门研发了两道著名菜品：三凤馔和三珠。三凤馔是三道以“凤”为主题的菜肴：百鸟朝凤、凤还巢、金凤孵雏。用鸡与鹌鹑做成百鸟朝凤；嫩冬瓜挖空做巢，放入肥嫩母鸡，是为凤还巢；鸡配鹌鹑蛋，就成了金凤孵雏。三珠则是一个拼盘，摆有三样菜肴，彩蚌含珠、金凤怀珠、龙女一斛珠，样样不离“珠”，是用鸡、鱼、蛋和湘莲为主料做成的。

赵佶还是一位茶的热爱者和追随者。因为爱茶到极致，曾经写了一本《大观茶论》，对茶的采制过程及烹煮品饮、民间斗茶之风都描述颇详。不仅如此，他还针对当时开封城内茶、酒合宴的情形绘了一幅《文会图》，对后世研究文人茶文化极具参考价值。

原本，一个皇帝有这么高的艺术修养是好事，但如果把爱好凌驾于责任之上，把副业修成了正业，少干甚至不干正业，那就脱离了皇帝的本分，是玩物丧志了。赵佶正是如此。天生的艺术禀赋使得赵佶超级自负，而皇帝的身份更给了他任性的理由。他任性地把大部分时间、精力都花费在自己所热衷的爱好上，任性地把自己的情绪毫无节制地强加给这个国家，最终让金兵乘虚而入，占领了开封城，并掳走了他，以及他的那些后妃、帝姬们。

据载，徽宗的子女有 66 人，其中儿子 32 人，女儿（帝姬）34 人。除夭折的几位帝姬外，徽宗至少 20 多位帝姬都在“靖康之变”中被金人所掳，大部分受辱后或自尽或被金人折磨而死。不仅帝姬，跟他一起受掳的后妃大部分也是这个结局。

写到这里，忽然想起了明朝的最后一位皇帝崇祯。在敌兵大破城池之时，担心女儿落入敌手的他已经无法保护女儿了，于是，他砍断了长平公主的左臂（原本要杀，结果没杀死），杀死了昭仁公主。看似残忍，实则也是殉国的一种方式。但这位赵佶除在被掳之初听到自己新近宠爱的几位妃子被金人强行索走时表示很悲痛外，对同时及其后几年间陆续传来的 20 多位帝姬的死，并没有表示出强烈的悲愤。也许，在他的世界里，是没有丈夫和父亲的概念的，他要的，只是自己可以任性而为的存在感。

元代脱脱曾说，徽宗诸事皆能，独不能为君耳。可我每每阅读至此，总觉得徽宗除不能为君耳，恐亦不能为人。

当蔡京遇上“伏地魔”

由才情而任性，由帝王之尊而骄纵，放在哈利·波特的魔法世界中，这样一个天赋异禀却没有自控能力的人是注定只能成为邪恶的伏地魔的。很不幸，蔡京遇上的就是这样一个伏地魔式的奇葩皇帝；更不幸的是，蔡京不是哈利·波特。于是，蔡京唯一能做的就是尽心尽力完成身为臣子的职责：你赢，我陪你君临天下；你输，我陪你东山再起。

十年寒窗苦读，为的是一朝能够金榜题名，然后从基层小干部一步步历练，进而走向国家权力中心，参与国家建设，施展自己“达则兼济天下”的政治抱负，这是科举制度下所有读书人的理想。事实上，我觉得这也是一个非常智慧的用人方式。因为从基层干部做起，磨砺的不仅有你的心志，更多的是可以让你直接捕捉到这个国家各个角落里的各种生活气息，进而让你了解民生疾苦，这叫接地气。只有接了这个地气，你才能彻底从书本理论中走出来，从此不再是一个空谈的书生，而是一个可以脚踏实地为国为民办实事的政治家。

当然，能够做到这一切的前提是先要在官场上活下来。蔡京就深谙此道。所以，他懂得妥协，有节操地妥协，包括对徽宗。蔡京既要在政治决策上满足徽宗强烈的存在感，又要控制徽宗汪洋恣肆的各种突发奇想，在妥协中寻找各方利益的平衡点。无论是他执政期间的兴学运动，还是社会福利制度的推行，都是他在妥协中、在各路言官的夹击中为这个国家寻求的平衡点。尽管这个平衡点有时也会失衡，比如备受诟病的花石纲之役，但纵观蔡京执政期间的系列施政方针，成绩还是不能抹杀的。

蔡京在当政的崇观政宣年间，为了解决财政问题，进行了一系列的经济改革。“暂时缓解了北宋政府的财政危机，满足了最高统治者的奢侈之求。且其制度设计的精巧与合理之处，在保证政府获得最大的收益同时，也顺应了商品经济的发展需求。为后世所仿效沿用，不能不说是其才能的体现。”（高飏《重读蔡京：治国之才为何成千古奸相》）上海师范大学人文学院副教授黄纯艳在《论北宋蔡京经济改革》一文中认为：“他（蔡京）所创制的若干制度在南宋以至元、明的继续沿袭和发展，显然不是‘苛政’二字界定得了的。”

由赵佶所绘、蔡京题诗的北宋名画《听琴图》（局部）。赵佶的画、蔡京的字，在这幅画作的艺术效果上，确实达到了“君臣和谐”。

尤其要为蔡京点赞的是他大权在握时强力推行的社会福利、救助制度。居养院（惠养鳏寡孤独的济贫机构，类似政府补助性质的养老院、福利院）、安济坊（安置、救治贫民患者的免费医疗机构）和漏泽园（政府补助性质的公墓、陵园）等福利机构的设置，是当时世界上最先进、最发达的福利制度，是北宋经济强大后城市文明高度发达的象征之一。

蔡京当时推行的社会救助制度完全依赖于国家权力，是强制性的政府行为。居养院、安济坊、漏泽园等救济机构的财政支出不仅由政府统一买单，而且，形成了制度化、规模化。推行力度之大，在中国封建王朝的历史上是空前绝后的，宋之前没有，宋之后的元、明、清也没有。

每每看到此处，我都有些感动，因为推广这些福利制度某种意义上说是属于前人栽树后人乘凉的做法。它既不能够直接给蔡京执政期间带来GDP的提升，也不能够直接算作政绩考核的一项标准。但这项惠民政策却可以使弱势群体老有所依，病有所医，甚至鳏寡病弱可以不再担心死了连个棺材板儿都没有。钱，取之于民，用之于民，这是一个国家经济高度发达、财政充盈之后应有的自信与情怀。

历史的垫背者

徽宗对蔡京的治国能力无疑是欣赏的，但对于蔡京的屡屡不听话（最起码没有陪自己踢球的高俅他们几个听话）也有些反感，故对蔡京，他不断地贬谪，又不断地复相。最后一次把受贬的蔡京喊回来复相时，蔡京已经78岁了，目已昏昏，没办法，只能让儿子代为起草奏章。

但无论在妥协中如何抵抗，蔡京始终是赢不了徽宗的，因为徽宗手里有一张最大的底牌：皇权。他是皇帝，他就有了各种任性的资本，包括生杀大权。这场博弈其实是不对等的，胜负从两人开始对弈时起就已经注定了。

“蔡京以自身的才能奉迎邀宠的同时，是宋徽宗将蔡京掌控于股掌之间的政治手腕和骨子里的不信任。他看似宠信蔡京，但不完全信任他。只要他感到蔡京有专权的迹象或对蔡京厌倦时，就一定会借天变、臣僚的口诛笔伐而罢免蔡京。即使蔡京在相位，徽宗也总是在其身边安插自己的眼线，对蔡京的一举一动进行掌控。无论蔡京使用怎样的手段讨好徽宗，但徽宗牢牢掌握着驾驭他的主动权。而蔡京明白自己的权力地位来之不易，自己是高官厚禄还是身败名裂完全取决于宋徽宗的皇权。保住自身权位唯一的办法就是尽死力为皇帝卖命，让皇帝高兴。”（杨小敏《蔡京、蔡卞与北宋晚期政局研究》）

“蔡京所有的才智和能力都只能围绕着宋徽宗的皇帝意志运转。在好大喜功而又荒淫无度的宋徽宗手下，蔡京的才能越高，祸国殃民的能力就越强，就只能越有效地将整个国家推向死路。蔡京以及同时一帮佞幸奸臣的出现，实际是宋徽宗朝皇权专制控制下肆意弥漫的政府公权力逼出来的。”（高飚《重读蔡京：治国之才为何成千古奸相》）

最终，徽宗的任性战胜了蔡京的抵抗；最终，金兵攻下了开封城；最终，蔡京成了群臣尤其是言官们指责的罪魁祸首。他们认为徽宗虽然有错，但错不至亡国，蔡京之错就在于没好好劝谏皇帝（主要是没有死谏），甚至纵容皇帝犯错。

想想也是，历朝历代，你见过哪个亡国皇帝没被大臣、史官们拉出个垫背的？比如，那位商纣王不就被生拉硬拽出个妲己来承担罪名吗？比如，南宋的著名理学家朱熹在研究“靖康之变”这档子事儿时，还把王安石拉出来做了个垫背的。他认为，王安石变法，才是导致金兵入京、北宋灭亡的源头……唉，反正，说来说去，在绝大部分言官、史官的认知里，皇帝哪能背负亡国的罪名啊，错自然都是那些大臣的。

好吧，蔡京，就是历史需要的垫背者之一。

蔡京家的厨房

那么，说说蔡京的吃吧。

从各种史料记载中可以发现，蔡京对于吃是相当讲究的。蔡京爱吃蟹黄包子，《鹤林玉露·缕葱丝》中有这样一则故事：有士夫于京师买一妾，自言是蔡太师府包子厨中人。一日，令其做包子，辞以不能。诘之曰："既是包子厨中人，何为不能作包子？"对曰："妾包子厨中缕葱丝（切葱丝）者也。"一个包子而已，蔡京家的厨房却能细分出择菜、切葱丝、擀皮等不同工种来，可见蔡京对吃的讲究已经上升到了相当高大上的境界了。

《鹤林玉露》所载乃逸事小说，阅后难免有野史之感，这是读书人都知道的。但由于蔡京身担亡国之罪，所以，读书人在消遣人神共愤的奸臣时，往往会忽略正史野史之分，采取统统拿来的做法，以达到一剑封喉的目的。而听众在此时一般也会做出选择性失忆：反正是奸臣，怎么贬损无所谓，听着可乐就行，管你证据是否可信呢。

在各种记载中，蟹黄馒头、鹌鹑羹等美食，都是蔡京的大爱。而黄雀鲊这道腌糟类食品，甚至一度因蔡京等"奸贼"的爱好而成为奢侈淫靡的代表。

黄雀即麻雀。把宰杀处理好的黄雀，剁去膀尖、雀爪，用绍酒洗净，然后摊开晾去三分之一水分，将酒糟、糟米甜酒、红曲、花椒、葱姜汁、精盐、橘皮丝放在一起搅成糊状，将黄雀放入拌匀，装入瓷坛内，封住坛口，腌制 6~7 日入味。食用时取出黄雀，用绍酒洗净附着的糟糊，晾干黄雀身上的附水，可干炸可蒸制。

其实，那代表着"奢侈淫靡"的黄雀鲊跟当时的鱼鲊一样，都是北宋时期一道颇为著名的市肆小吃，真心算不上奢侈淫靡，诗人梅尧臣、黄庭坚等人都是黄雀鲊的粉丝。但大概因麻雀太小而制作工艺较为繁复或其他什么缘故，黄雀鲊这道美食明清之后渐已难寻。

不过，爱好美食的蔡京绝不会料到他的结局。《挥麈后录》记载，蔡京在流放之路上，所遇百姓问知他是蔡京，都不愿卖给他食饮，至于诟骂，更是无所不道。数日之后，蔡京就死了。

蔡京爱吃，细究起来原属正常。北宋，经济发达，发酵技术以及炒菜

天南海北的包子馅料各有不同，但包子最终成形的过程却大同小异，都是手上功夫

都是在北宋时全面普及的，中国人的饮食，尤其是市井饮食达到了空前的繁荣，很多延续至今的饮食品种都是在这个时代形成并延续到今天的。谈吃、论吃不只是皇族、大臣的专利，普通百姓也都有了足够的条件。

梅尧臣客居汴京时，由于他家的一个婢女鱼脍做得甚是美味，搞得唐宋八大家之一的欧阳修与其他同僚“每思食脍，必提鱼往过”。至于那位令今天的我敬仰如滔滔江水连绵不绝的丰神俊朗、才与天齐的东坡居士，就更是吃货中的吃货了。

北宋这些高级吃货们不仅爱吃，吃完了还评论。今天到这家府邸坐坐，明天到那家酒肆尝尝，吃完了把感受记下来，或者意犹未尽，回家再照着做一遍，于是，一道道衙门里、胡同里的菜就这样走出高墙、走出胡同，在进行了深入细致的交融碰撞后，逐渐演变成为今天你我餐桌上最寻常的菜品之一。比如蟹黄包子、假元鱼、麻腐菜、蒸羊、东坡肉等。

同样是吃货，中国人为什么可以把苏轼视为风雅，而把蔡京视为反面教材呢？说到底，还是跟中国人骨子里强烈的爱憎情感有关。苏轼是忠臣，那么，他的一切爱吃行为都是可爱可亲并可理解的；蔡京是“奸臣”，自然，对他的爱吃就只能采取零容忍，坚决抵制。中国人的吃哲学，似乎从来跟政治无关，跟道德、情绪倒有颇大的关系。

但小小的一个包子，如果仅有情绪，是不能够支撑它成为一个民族上千年的主流食品并影响至今的。事实上，一个小小的包子，除了情感以外，代表的还有中国烹饪最朴素的膳食平衡理念：五谷为养、五果为助、五畜为益、五菜为充。

“五谷为养”指的是米、麦、豆、薯等粮食能够补养“五脏之真气”，故“得谷者昌”；“五果为助”指各种鲜果、干果和坚果能助五谷，使营养平衡，“以养民生”；“五畜为益”指鱼、肉、蛋、奶等动物性食物能弥补素食中蛋白质和脂肪的不足，“生鲜制美”；“五菜为充”则指各种蔬菜能够补充人体所需的维生素和膳食纤维，“疏通壅滞”。

中国烹饪历来讲究原料的合理搭配，这种搭配使膳食平衡的思想直接渗透到每道菜点之中。因此，中国几乎所有菜点都是多种原料制成的，包子更是个典型。若按膳食配比来说，包子的面皮属五谷，无论荤素馅，都或有菜或有肉或二者都有，这样制作出来的包子好处有三：一、解决了主食与副食之间的搭配。无论米饭还是馒头，都需另外搭配肉蔬等副食才能构成一餐饭的标准，但包子却是既有主食又有副食，也就是说，一个包子，就可以解决一顿饭，其方便、快捷程度远超今日之麦当劳、方便面等快餐。二、营养均衡，膳食搭配合理。比如中国各城乡街头最普及的韭菜鸡蛋（其中还有加粉条、虾皮的）包子。韭菜属五菜，鸡蛋属五畜，包子皮则为五谷。有面、有菜、有肉，在给吃的人带来方便、快捷的同时又照顾到了营养搭配的合理。三、包子是蒸制而食的。蒸制是目前世界上所能发现的最便于人体吸收、消化，且能较好保留菜蔬营养的最健康的烹饪方式，没有之一。孙中山说："（中国）唯饮食一道之进步，至今尚为文明各国所不及。"这个为"文明各国所不及"的饮食之道之一，就是蒸制。

按四时之需，把各类食材加以组合后，统一成馅，然后包进一张小小的面皮里，在面皮和馅料的和谐共处中，达到膳食补助养生的目的；从原料的配伍、五味的调和中追求美味、养生和保健，这就是包子的"和"哲学，是中国人的生活智慧，更是包子之所以辗转千年却依旧占据中华民族主流饮食榜的重要原因。

小小的一个包子，真心简约不简单。

桶子鸡

在河南，说起开封的桶子鸡，恐怕没有几个人不知道。但是什么原因可以让桶子鸡越嚼越香呢？除了选料、扒膛造型，以及烹煮的时间、火候外，最重要的还有它的陈年老汤。

陈年老汤“陈”到什么程度才能做出正宗的桶子鸡？不多，百年而已。

一桶汤，一只桶子鸡

皇城根儿的桶子鸡

尽管已进入伏天，地表温度超过40℃，但开封人对吃的执着永远不会因为天气而打折扣。

上午9点，不管是寺门，还是鼓楼街，老开封们已经开始排队采办熟牛羊肉、烧鸡、桶子鸡这些午餐桌上的主菜了。

“我家老太太今年七十了，牙口还行，平时不太爱吃荤菜，可独独喜欢吃桶子鸡，吃了几十年了，她说桶子鸡耐嚼，越嚼越香。所以，隔三岔五，我就给她买上一只。”正在寺门一家桶子鸡店买桶子鸡的老邓说。

60岁的老薛闲来无事时，也爱买上一只桶子鸡，在自家小院里抿一口小酒儿，嚼一口桶子鸡，或跟三五好友闲聊，或独自一人小酌。抬头看看天，低头翻翻《幽梦影》、《菜根谭》，品一品“宠辱不惊，闲看庭前花开花落；去留无意，漫随天外云卷云舒”的意境。半只鸡，通常就这样吃两三

开封“马豫兴”师傅制作桶子鸡。

个钟头才算了事。有时，趁着酒意，老薛还会临几张帖，写几幅字。他说，开封这地界儿，哪儿哪儿都能冒出来个能写几幅字的人，你不会写，还怎么在朋友圈里混？

半只桶子鸡可以吃上两三个钟头，借用清人张潮的话说，这份吃情就是“楼上看山，城头看雪，灯前看月，舟中看霞，月下看美人，另是一番情境”。

而这份吃情，全中国恐怕也只有一只大闸蟹能吃上几个钟头的上海人可堪一比。

桶子鸡不是童子鸡

桶子鸡的名称是因其圆美饱满、中空如桶的外形而得来的，别称“油鸡”。这几年，由于外地售卖“开封桶子鸡”的店面、摊点增多，于是，桶子鸡还常常被一些人写作“童子鸡”，因而产生很多版本的误读。其实，二物并非一物，误会大了去了。

外地人一般对于老开封的桶子鸡情结有些不太理解，“这么耐嚼的鸡肉，得多费牙口啊！”但所有吃过正宗桶子鸡的人，对于桶子鸡的味道，都是蛮推崇的，“确实是香啊，香得都可以满地找牙去，而且是越嚼越香”。

这就是开封桶子鸡的魅力——在你不经意间，悄悄征服你的胃。而征服你的胃的香，除了选料（用生长 2~3 年肋肉饱满、胸脯挂油、体形圆美的嫩母鸡为主料）、扒膛造型（要用高粱秆做架支撑鸡体，用高粱秆把鸡的下腹部塞满），以及烹煮的时间、火候外，最重要的还有它的陈年老汤。

提到制汤，自然要从首创桶子鸡的开封百年老字号“马豫兴鸡鸭店”说起。

说不清的历史

关于“马豫兴”的历史，至今都是一个谜。

高鸿祥，开封人，马豫兴桶子鸡制作的第四代传人，河南烹饪（桶子鸡）名师，曾多次为国家领导人制作桶子鸡。对于马豫兴鸡鸭店落户开封一事，他提供了两种说法。

一种说法是远在北宋时期，开封一家酒楼就有烹制桶子鸡的记载。后来该酒楼随宋室南迁至南京落户。清咸丰三年（1853 年），太平天国定都天京（今南京），清廷派曾国藩、曾国荃兄弟镇压太平军。因时局动荡，天京商业凋敝，业主马永岑（回族）及眷属携带一桶卤鸡老汤迁回开封重操旧业。

另一种说法是，清顺治年间，吴三桂拥兵入滇，祖籍云南、家世显赫、家道殷实的马氏一族，举家迁至金陵（今南京）。马氏家族有三个宗祠，其中春辉堂一支在初到金陵时经营折扇、梳篦等京广杂货，后因金陵城郊河网纵横，饲鸭者甚多，乃于道光年间开设作坊，改营板鸭、盐水鸭生意。传至马永岑一代，经营已成规模，在南京水西门一带颇有名气。后因清军

开封的大小街道上，通常一抬头，就是一家桶子鸡店

与太平军交战，马永岑迁至开封定居。初在文殊寺街（今文化街）开设“豫盛永”店，经营京广时货和禽类制品。随着生意越来越红火，马永岑遂筹集资金，购鼓楼街西口路北房产一座，将豫盛永店连同作坊一并迁入，易名“金陵教门马豫兴鸡鸭店”。清光绪二十五年（1899 年），因拓宽鼓楼街，该店由鼓楼街路北迁至路南，至今已有 100 余年历史。

桶子鸡正是“马豫兴”当年在烹制板鸭的基础上，总结经验，改进工艺推出的新品种。

陈年老汤的秘密

桶子鸡的制作，最重要的还在于它的陈年老汤。那么，这个陈年老汤有多久了？老字号“马豫兴”后人之一马世伟介绍，祖上传下来的陈年老汤至少有百年历史了。

“马豫兴”煮桶子鸡时用的老汤，是祖上一代一代传下来的。马豫兴桶子鸡用的原料必须是上好的老母鸡，油大，一斤母鸡煮熟后会出三两油和水。所以马豫兴桶子鸡除了祖上第一次煮桶子鸡加水之外，以后都是靠母鸡本身出的油和水做汤煮鸡，这也是正宗马豫兴桶子鸡即使在夏季存放也不易变质的原因。所以，这汤就成了马家的传家宝，掌门人卸任前都会把一锅老汤分成几份传给后人。

20世纪70年代，马豫兴桶子鸡第三代传人王保山（1911~1974年）向青年厨师传授技艺。

马世伟的父亲后来对儿孙们说，其实咱的老汤也没有什么秘方，就在“功夫”两字，功夫下到了，不欺人，东西自然就好。

一罐老汤的故事

“马豫兴”跟郑州也有一段不解之缘。

马世伟的父亲是开封人、“马豫兴”后人之一。当时的“马豫兴”仅在开封本地就已达30多间作坊，在当地算得上是资本家了。1954年，河南省会由开封迁至郑州，为了响应政府提倡的扩大“马豫兴”规模的号召，马世伟的父亲带着两个师兄弟挑了一罐汤来到了郑州。

老汤、老字号果然很受欢迎，“马豫兴”分店在德化街开得热火朝天。生意这么好，马世伟的父亲就把家眷接到了郑州。1956年，“马豫兴”郑州分店被政府公私合营。

不久,马世伟的父亲因为开封那30多间作坊被打成右派,然后又是破“四旧”、“文化大革命”，“马豫兴”也被封了门。虽然被打成右派，可倔强的父亲始终把那一罐汤视为命根子。

在一个月黑风高的夜晚，老父亲瞒着所有人，偷偷地把那罐汤埋在了单位的院子里。

1978年，马世伟的父亲被平反，摘掉了右派帽子，成分由资本家改为城市平民。不久，国家又开始恢复老字号，“马豫兴”被列在其中。

于是，马世伟的父亲选了一个好日子，带着马世伟郑重地挖出了被埋在地下十几年的那罐老汤。沉寂了十几年的桶子鸡因为老汤的浸润复活了。

不过，关于马世伟的这段说辞业内始终争议不休。有人认为，首先，一桶汤可以被存放百年而不变质、不变味，目前尚无具体实例可以证明；其次，假定马家老汤真是被存放了百年之久，那么，是否存在食品安全隐患呢?

所以，业内人士认为，马世伟口中的“百年老汤”若换成“传统老汤”，可能更确切些。

何谓传统老汤?其实就是在各种化学成分的食品添加剂被研发出来之前，厨师们用来调制各种口味的汤。

汤是中国传统烹饪调味的根本。在很多年以前，由于中国人对吃极其敬畏，在烹饪中，是不敢添加任何不干净、非纯天然添加剂的。各种菜肴的鲜香除了厨师的烹饪技巧外，还要用一样法宝：汤。每天清晨饭店开门前，一大锅浓香四溢的调味汤就已经熬制好，一天的菜肴全靠它来提鲜提味儿，每天汤用完就挂牌歇业。所谓“唱戏的腔，厨师的汤”，饭菜正不正点，先看汤，汤是基础。

桶子鸡好不好吃、正不正宗，也是同样的道理：看汤。汤好，味儿才好。因为物正，味儿才纯。

瞧瞧宋人是怎么泡茶的

1000 多年前，在中原这片土地上，在大宋皇城开封，中国的茶是引领当时世界饮料潮流的代名词；“点茶法”是当时世界上最先进、直至今天也是令日本茶道艳羡不已的冲茶艺术；而“龙团凤饼”更是饼茶的巅峰之作。

北宋开封的茶与茶坊

茶与茶馆

在成都,无论逛到哪里,总有个茶馆可以喝喝茶、歇歇脚、聊聊天什么的。但在今天的中原地区,想寻几处正经喝茶的地儿,喝喝茶、聊聊天,有点儿“图样图森破”（too young, too simple）。

与此同时,咖啡馆在中国各个城市的扩张速度与它日日暴涨的营业额成了正比。“咖啡运动”正在渗透着茶中国的角角落落。

喜欢泡咖啡馆的消费群体基本以时尚、小资、文艺范儿的白领为主,他们认为:“当整座城市都上紧发条时,咖啡这扇门,可以让我们暂时逃离世界;咖啡是有价格的,但坐在咖啡店里的时间无须付钱。”

但其实,当整座城市都上紧发条时,茶这扇门,也是可以让你暂时逃离世界的;茶是有价格的,但坐在茶馆里的时间也是无须付钱的。

1000 多年前,在中原这片土地上,在大宋皇城开封,中国的茶是引领当时世界饮料潮流的代名词；“点茶法”是当时世界上最先进、直至今天也是令日本茶道艳羡不已的冲茶艺术；而“龙团凤饼”更是饼茶的巅峰之作。

茶与奇葩的大宋王朝

从某种意义上讲，中国的大宋王朝是一个特别奇葩的朝代。

一方面，经济实力当时全球最强，长于“文治”，却又短于“武功”，以至于当时跺跺脚都会造成国际重大舆论影响的大宋王朝还要看人家金国、辽国的脸色，年年要给这两个马上民族上贡；另一方面，大宋王朝的好几任皇帝虽然都不算是好皇帝，却能称得上顶尖书画家、美食家，皇帝当不好就当某某家的概率超出了中国历史上的其他任何朝代。

比如前面讲到的那位丢了江山、当了俘虏的极品皇帝宋徽宗，他不仅诗书画皆晓，也是一位茶的热爱者和追随者。因为爱茶到极致，他曾经写了一本《大观茶论》，还针对当时开封城内茶、酒合宴的情形作了一幅《文会图》，对后世研究文人茶文化极具参考价值。

唐朝由文人、隐士、僧人领导茶文化。到了宋朝，从开国皇帝宋太祖赵匡胤开始，历代皇帝都有嗜茶之好。因此，各地贡茶越做越精，民间斗茶之风亦愈演愈烈，以至于当时上至达官显贵，下至黎民百姓，茶都是他们生活中最重要的事情之一。北宋诸王纳妃的礼品中除羊、酒、彩帛之类外，还要有“茗百斤”。后来民间订婚行“下茶礼”即由此而来。

由于嗜茶，赵匡胤执政时还常常光顾开封街头的茶坊、茶肆。据说，他有次逛到寺东门大街“丁家素茶”品茶，一时高兴，竟将宫中收藏的三国时期著名画家曹不兴的画亲赐给店主。店家获此宝物后喜极而泣，将其悬挂于店中。从此，开封城内的茶坊、茶肆就有了悬挂字画的风俗。

北宋开封的茶坊

这种自上而下的饮茶风尚，以及朝廷取消夜禁后带来的最直接的市井效应之一就是：市井茶坊的发展在北宋达到高峰。

孟元老《东京梦华录》记载，北宋年间的开封城，凡闹市和居民集中之地，茶坊鳞次栉比。而且大多如朱雀门外一带全天经营的茶坊那样，从早开到晚，至夜尤盛。

如“潘楼东去十字街，谓之土市子，又谓之竹竿市。又东十字大街，曰从行裹角，茶坊每五更点灯，博易买卖衣服、图画、花环、领抹之类，至晓即散，谓之‘鬼市子’……又投东则旧曹门，街北山子茶坊，内有仙洞、仙桥，仕女往往夜游，吃茶于彼”。就是说，在这一带，除白天营业的茶坊以外，还有专供仕女夜游吃茶的茶坊和商贩、劳动人民拂晓前进行交易的早市茶坊。这种“鬼市子”茶坊，不但“至晓即散”，实际上也是一种边喝茶边做买卖的场所。

《水浒传》通常认为是明人所著，但水浒故事自宋以来便在民间广为流传，所以，对北宋生活与北宋茶馆文化的研究至今还有较高价值。在《水浒传》里，有专为公人候时、办事的衙门前茶坊，有小镇闲坐的茶坊，也有王婆专门说媒拉纤的茶坊。茶坊中，有闲来无事会茶聊天的，有打发时光等待上班办公的，也有刺探各类情报的间谍分子。反正，在北宋，尤其是在开封城内，吏、卒、工、商各色人等，大都以茶坊为根据地，以喝茶为主要聚会方式。

团茶与点茶

如唐代一样，宋代依然流行饼茶。但那个时候的饼茶跟现在流行的普洱饼茶是两个概念。无论制作工艺还是技术含量，北宋的饼茶都更加复杂、讲究。

首先，茶叶的采摘强调时节，主张以惊蛰为候，且要日出前采茶，避免日照耗其精华。然后，把采下的芽分出等级，蒸、榨，研成茶末，放进各种形状的模具中，制茶成饼，最后再过黄焙干，使色泽光莹。“龙团凤饼”是当时等级最高的贡茶茶饼，是在唐人“穿饼”的基础上发展而成的更加精细的饼茶，制作这种茶有专门的模具，刻有龙凤图案。

宋代的饼茶喝起来也有讲究，称为“点茶法”。就是把团茶碾碎，滚水冲下去，用力搅拌，直到起沫、成浆，使茶与水融为一体，然后趁热喝下去。注意，这个时候，茶末的好坏、搅拌的均匀度就直接影响到茶汤的品相与口感了。如果茶与汤不分离，并且跟茶盏如乳胶状咬合在一起，就叫“咬盏”，是最高等级的茶汤。

点茶法促进了当时开封城内上至宫廷（宋徽宗就爱聚集群臣一起斗茶，估计他最快乐的事就是斗败所有参赛选手）、下至民间的“斗茶”风。“斗

宋人的“点茶”

把团茶碾碎，滚水冲下去，用力搅拌，直到起沫、成浆，不仅要出现某种造型，比如“月牙”等图案或“龙凤呈祥”等字样，还要使茶与水融为一体，这才是成功的“点茶”。如今，在开封的一些茶坊内，北宋“点茶法”又开始回归。

茶”也叫“茗战”，有点类似于今天街头巷尾的“棋战”，过往行人可以集体品评参赛人茶品的优劣和烹茶技艺。

今天，日本所谓的茶道采用的就是点茶法。不过，大概由于当时日本的经济、资源以及自家茶种所限，所以，他们的茶道技艺中，茶末总是很粗，茶和汤形成不了乳胶状，因此也就没有“咬盏”之说，茶汤的品相、口感也相对降低。

蒙古人的入主中原，标志着中华民族全面大融合的步伐大大加快。“北方民族虽然也嗜茶，但主要是出于生活的需要，从文化上对品茶煮茗之事没有多大兴趣，对宋人烦琐的茶艺更不耐烦。”而曾经以知味品茗为风雅之事的那帮知识分子，由于面临故国残破、异族压迫，无心再以茗事表现

“宋风古韵”是开封城里现代茶坊追求的风格

开封茶坊里的茶品依旧沿用宋代的“水牌”

自己的风雅超俗。而曾经爱泡茶馆的那帮民众呢？因为战乱带来了严重的经济萧条，他们也无心在茶馆聊天、找乐，于是，茶馆在开封乃至中原街头越来越少，终至没落。

四季平安灶

腊月二十三，祭灶官，是灶王爷上天向玉皇大帝汇报人间一年善恶的日子。旧时，腊月二十三是仅次于大年初一的重要节日，可以说，春节从祭灶这一刻就开始了。

春节从祭灶开始

二十三，祭灶官

农历腊月二十三，俗称“小年”，按传统习俗，要祭灶。但当日在郑州街头随机采访的十几位80后、90后却集体表示：“如果不是被采访，如果不是看到街头叫卖的祭灶糖，腊月二十三这个小年真就忘了。”“祭灶，不就是吃灶糖吗？至于其他的，就真心不晓得了。”“在老家还好些吧，因为老辈人还是比较重视这个日子的。比如，放鞭炮、摆放供品什么的，但一离乡，这些年俗就淡忘了。”

民俗学者孙润田介绍，腊月二十三，祭灶官，是灶王爷上天向玉皇大帝汇报人间一年善恶的日子，河南俗称“祭灶”、“小年”、“小年下”、“送灶”。旧时，腊月二十三是仅次于大年初一的重要节日，可以说，春节从祭灶这一刻就开始了。

按照河南人的传统习俗，小年这天晚上，为了祈求灶王爷上天汇报工

开封灶糖

作时“多说好话”，黄昏时分要燃香祈祷，为灶王爷送行。又唯恐灶王爷有什么事说漏了嘴，所以用灶糖抹灶王爷像之口，有抹蜜之意，即封其嘴。

“说起灶糖，还跟我们中原人的一项发明有关呢。”孙润田解释，灶糖是用“饴糖”拔制而成的。饴糖，俗称“糖稀”，是中原地区的人民在劳动过程中发明的一种用粟米蘖、大麦芽制作的人造糖，是中原劳动人民智慧的结晶，至今在食品加工中还发挥着无可替代的作用。

祭灶的民俗由来已久，寄托了人们对幸福和吉祥的追求。

周代即有关于祭灶的文字记载，《礼记·月令》中称“祀灶”。司马迁《史记》中载，汉武帝为求“长生不老”，“始亲祠灶”。到了北宋，雕版彩印（在当时也是世界领先技术）的灶王神像（又名“灶马”）问世，上附“历头”及《旱涝农耕图》，犹如今天的月份牌及天气预报，就是贫苦人家也“请”（忌说“买”）灶王爷、敬灶王爷、送灶王爷。不过，宋时的祭灶日是在农历腊月二十四，明清以后，改为腊月二十三，并延续至今。

由于灶王爷是负责管理各家灶火的“九天东厨司命灶王府君”，所以，灶王爷一直被百姓视作家庭的保护神而备受尊崇。旧时，河南大部分家庭的厨房都设有灶王爷神位，没有灶王龛的人家，就直接将神像贴在墙上。灶王爷像上大都还印有这一年的年历，上书“东厨司命主”或者“一家之主”

等文字，两旁贴有“上天言好事，下界保平安”的对联，以保佑全家老小吉祥如意。

随着历史的演变，如今，祭灶的习俗渐渐远离人们的生活，但是每年农历腊月二十三吃灶糖的习俗一直保留到今天，这充分说明了民俗的生命力。

情景再现：祭灶

祭灶前要做很多准备工作，其中最重要的就是要为灶神准备在路上吃的干粮。

由于河南各地习俗不同，给灶王爷带的干粮也不尽相同，焦作地区的干粮颇具代表性。焦作地区给灶王爷带的干粮叫“祭灶火烧”，博爱、沁阳等地的祭灶火烧其实就是包糖的烧饼，不过比平时的烧饼要小巧精致一些，而且都是糖心的甜火烧。火烧中间还有个孔，是用来穿绳的，目的也是为了灶王爷上天时带着方便。武陟的祭灶火烧一般是 20 个，10 个甜的、10 个咸的，其中两个烧饼是给灶王爷神位旁的一鸡一狗准备的。

祭灶糖是把麦芽糖拧成绳状，表面粘上一层芝麻，俗称“芝麻糖”，是焦作当地传统的风味小吃。

陈东明是焦作日报社晚报编辑部副主任，好吃、擅吃，后又因好吃逐渐成长为一名饮食文化的研究人员，由于同时负责《焦作餐饮文化》一书的编纂工作，曾与焦作市餐饮酒店业协会贾光富专程到焦作农村走访过“送灶爷”习俗，他们介绍：“在焦作的一些农村，祭灶是相当隆重的事情。首先要把事先烙好的火烧挑选出 18 个自己认为最好的摆在供桌上，再摆上祭灶糖。孟州等地还要摆上花生、红枣、柿饼之类的干果。祭灶时，要在灶王爷神像前点燃蜡烛，烧上三炷香（有的地方要敬酒三杯），跪拜祷告，祈求灶王爷：‘老灶爷过年啦，您老保佑全家丰衣足食，吃穿不愁’，‘灶爷灶爷你是王，今黑儿送你回天堂，多言好事保平安，保佑俺家福寿长’。其实这些祷告就是祈求灶神保佑自家来年风调雨顺、五谷丰登，一家老小身体健康、事事顺利的意思。”

祭灶时，还要把叠好的金银元宝或锡箔纸烧掉，同时燃放鞭炮，这叫为灶王爷上天清道壮行。焦作一带的城乡接合部，还习惯在院子里点燃一堆旺火，让熊熊的火焰把院子照得亮亮堂堂的，意思是给灶王爷照路，祈祷灶王爷一路顺风，平安到达天庭。

按照焦作那边的风俗习惯，祭灶当晚人们一般不外出，认为祭灶时在外边不好，来年会不吉利。据说后半夜灶王爷要“摸人头”，看看你家几口人，明年按人头发放口粮，你若不回家过年，来年就没有你的口粮。所以祭灶这天，不论是在外做官、经商、打工还是求学，都要设法赶回家，吃自家做的祭灶火烧和祭灶糖。如果确实不能回来，家里人也一定会为你留上一份。

进了腊月便是年

旧时，在开封等地流传着这样一首民谣：“腊八、祭灶，新年来到；闺女要花，小子要炮；老婆儿要衣裳，老头儿打饥荒。二十三，祭灶官；二十四，扫房子；二十五，打豆腐；二十六，蒸馒头；二十七，杀只鸡；二十八，杀只鸭；二十九，去灌酒；三十儿，贴门旗儿；初一，撅着屁股乱作揖。”

祭灶第二天俗称“交年”，妇女们在家忙着打扫房子、蒸馒头，而男人们则忙着上街采购各种年货。

孙润田说：“扫房子的民间传统宋代就有记载。按民间的说法，尘土的‘尘’与陈旧的‘陈’谐音，所以，新春扫尘有‘除陈布新’的含义，还暗含着老百姓把过去的晦气一扫而光的祈福心理。”

“祭完灶开张的年货市场被称为‘乱市’。在20世纪前半叶，开封的徐府坑街、鱼市口街、南北土街、东西大街等都是年货中心大市场。这种‘乱市’，直至除夕。”

那么，年货究竟应该怎样办？十里不同俗，答案很难统一。不过，在孙润田看来，尽管年货没有固定的种类，但办年货是中国人过年的一种重要仪式，老百姓在忙碌的喜悦中感受新年的到来，在琐碎却温暖的仪式里传递着浓浓的温情。

“出油锅”与“乱炖”

50岁的老袁是郑州人，他正在列春节需要置办的年货清单：五花肉、腿肉、排骨、整鸡、鲤鱼（或者草鱼）、带鱼、鲜藕以及腌好的雪里蕻。无论是五花肉，还是鸡、鱼，老袁说，都是用来做春节扣碗的食材。

开封的老薛也在为春节扣碗做准备。他是开封“土著”，因此，在吃上颇为讲究和隆重。小酥肉、芥菜肉、带鱼、黄焖鸡、丸子、排骨、八宝饭等扣碗都是春节期间必须上桌的主菜，一样都不能少。所以，这几天，老薛正在老爷子的督促下，一样一样地列清单。

25岁的萌萌是南阳社旗县人，她说，这几天是老爸老妈列清单的日子，因为，祭灶之后，家里就开始炸东西，准备春节大餐——扣碗了。

洛阳的大乔、新乡的小魏，这几天也都在置办年货。大乔说，洛阳春节也是以扣碗为主菜，其实就是另一种意义上的水席。小魏说，祭灶之后，就要煮肉、炸肉了，这是新乡人准备扣碗的时间表。

从豫东到豫西，从豫南到豫北，年，就这样被“扣”出来了。

风味扣碗

驻马店平舆县，祭灶之后就开始炸肉、丸子、面叶了。不过，面叶是春节期间的零食，而炸好的鱼、肉等“硬菜”则是家家户户春节宴席中最后才闪亮登场的。

小孟同学是我的同事，老家在驻马店平舆县。在她的印象里，春节宴席中最后一道大菜是把炸好的酥肉、鱼块等肉类，与粉条、蔬菜一起放入锅中乱炖，然后一人一碗盛出，每人还要就个馒头吃，这样才算过年。

肉和鱼通常需要炸一天才能结束，叫作“出油锅”，而这一天的“出油锅”量将支撑起春节期间自家和待客的全部“硬菜”。

“出油锅”这天特别受小孩子的欢迎。因为这一天，爸爸妈妈忙着“出油锅”，根本顾不上管教孩子，于是孩子们可以自由一天。午饭、晚饭通常也不用按照常规吃，刚出锅的肉啊、面叶什么的就可以作为一顿饭，新鲜又好玩。

信阳固始与河南其他地方都不同的是，过年时饭桌上除了乱炖，还有

炸丸子

脯肉

腊味。腊月里备的腊鸭、腊鹅、腊肉等在春节主要以凉菜的形式出现，而最后的压轴大戏就是新鲜的肉或者腊肉、炸肉，与干菜、干菌等乱炖而成的“硬菜”。

“过年最让我兴奋的莫过于焖子了。煮熟的粉条里加入粉芡、姜块、白菜叶、肉馅等，搅拌均匀，平铺在地锅上，大火蒸上半个小时。刚出锅的焖子，浓香软糯，切下一小块，就可以直接吃。当然最美味的吃法还是将它切成方块晾凉，再切成小薄片，伴着辣椒、姜丝、白菜叶醋熘，这样的美味我一个人干掉一盘子是不成问题的。我们过年必有的吃食还有枣糕和豆沙包。枣糕有上坟用的，有祭灶用的，有给出门的闺女回门用的（意思是节节高）。豆沙包是我奶奶的强项，煮得烂烂的红薯、豇豆加上一点点白糖，揉烂做馅，包成包子，我奶奶、妈妈很爱吃。”

这是过年留给李仁慧最温馨的场面。27岁的李仁慧是新乡延津人。对于过年，她以往并没有特别深刻的理解，但自从大学毕业留在郑州工作后，她忽然发现春节在她心里占据的位置越来越重要：“我不是一个超级吃货，枣糕、豆沙包也不是很喜欢吃。可是这两年，每到过年之前，我都特别想吃奶奶、妈妈做的枣糕、豆沙包，不是为了吃，而是源于骨子里的那份念想，那份思乡之情。”

过年了，回家吃一碗妈妈做的扣碗，吃一个妈妈包的饺子、包子，一颗远在异乡漂泊的心马上就温暖、安宁了下来。妈妈做的饭菜永远是这世上最好吃、最令人动情的美食。

一切还是源于情感。这世上，还有什么作料可以抵得过情感的诱惑？还有什么作料可以抵得上情感的诉求呢？这可能才是春节对于每个中国人最大的意义。

蒸年馍

春节期间和扣碗一起上桌的必定要有年馍。因此，年前蒸馍也是河南人比较重视的一件大事，到了腊月二十六，大部分人家都要发面蒸馍。

春节蒸馍是“多多益善”，有些馍要做供品，有些馍要吃，有些还要

特色年馍：枣花馍

用来串亲戚。年馍要蒸得够吃到正月十五，至少也要吃到“破五”（正月初五）。来年第一次蒸馍的时间愈晚，表示愈富有。

年馍的品种很多，除了上尖下圆、约二两重的白面馍，还有刺猬、牛、羊、鸡、鸭、鲤鱼、兔子等动物形状的馍，以及桃、李、佛手、“二龙戏珠”、“丹凤朝阳”、“春燕戏牡丹”、“龙凤呈祥”、“童子献寿桃”、“富贵不断头”、“金雀闹花堂”、“鲤鱼跳龙门”等花样繁多的花馍，都有期盼丰衣足食、吉祥如意的美好愿望。比如刺猬馍，把刺猬头朝里放在门的两边，寓意刺猬往家中驮元宝，是富贵发财；蛇馍、龙馍，是期盼来年丰收、粮食满仓；牛、羊、鸡等动物馍，是盼望六畜兴旺。

蒸年馍除实心馍外，还要蒸肉包、菜包、豆包、糖包、红薯包、枣馍等夹馅馍。在豫北和豫东，尤其重视蒸枣馍。枣馍分枣花馍、枣山馍、枣卷等。

把发好的面擀成圆片，从中间切开，把切开的两个半圆相对，用筷子从中间一夹，就成了一朵四瓣花，在每个花瓣上扎上枣，就成了枣花馍；把枣花挤成圆山形，蒸后一层一层摞起来，称为枣山。还有一种做法就是把发好的面擀成片，折叠起来，叠成五瓣、四瓣、三瓣的花朵样，再嵌上大红枣，便是枣花；把叠成的枣花馍大大小小套在一起，便成为枣山。枣花年馍，可吃，也可作为供品。

张娟是安阳滑县人，枣花糕就是她对于春节最深刻的记忆。

张娟说：“因为做出的形状像朵花，而且是用个大、肉多的大红枣做的，所以称为‘枣花糕’。在我们当地，枣花糕还是正月初二回娘家时，妈妈送给闺女的礼物。寓意很简单，妈妈希望自己的闺女在新的一年里长得像花儿一样，越来越年轻，越来越漂亮，工作和生活红红火火。”

王贺伟家在焦作，他说，焦作人习惯在腊月二十六到腊月二十八，发面蒸年馍。头天晚上就要把面发上，还要把豆馅、肉馅、素馅等盘好备用。

焦作蒸年馍除家里人吃以外，还要做供品，用于待客，以及作为礼品串亲戚，因此年前蒸的馍量大，蒸年馍时需要的人手也多，有时会两三家一起蒸，今天蒸你家的，明天蒸他家的。

焦作温县的人口枣馍，是按照家中人口蒸的，连出嫁在外的闺女或是过年不能回家的游子都要计算在内。人口枣馍是圆形的，顶上捏一圈花边，再放一颗红枣。当地的习俗，蒸人口枣馍还要在其中一个馍里放一枚铜钱或硬币，谁吃到这个馍，就预示这个人新的一年大吉大利。

在焦作沁阳，蒸完年馍还要蒸一个财神盘，财神盘的底座是用将近两寸厚的面做的，直径近一尺。财神盘边沿用手捏出花纹，财神盘上盘着两条龙，龙嘴里衔着铜钱，龙头相对；两条龙的正中是用面制成的元宝和金条，取金丝缠元宝之意；元宝和金条要高出龙身，意思是全家人辛辛苦苦挣了一年的钱，满载而归，可以安安心心守着财富过个安稳年。

河南人蒸年馍还有很多禁忌。比如不能说“烂了”、“完了”、“不熟”、“黑了”、“不虚”、“少了”、“不够”等这些不吉利的字句，要说“蒸齐了”、“多”、“好”等以图大吉大利。

滚元宵

南方的汤圆是用糯米粉加水和成面粉团后包馅而成的，北方的元宵不是包出来的，而是用晃笸箩的方式滚出来的。

与往年元宵节一样，开封市60岁的陈老爷子今年还是自己“滚元宵”。

滚元宵也叫踅（xué）元宵。柳条编的大笸箩里铺着厚厚一层雪白的糯米粉，旁边案板上堆放着四四方方的元宵馅，和骰子一般大小，花花绿绿的煞是好看。黄的是菠萝味的，绿的是薄荷味的，红的是山楂味的，黑的是芝麻味的。

滚元宵

滚元宵之前，陈老爷子把成块的馅料蘸一点冷水，然后丢进大笸箩里来回晃动，不一会儿，蘸过水的馅料就会如滚雪球般附着上一层层雪白的糯米粉，而且十分结实，不会从馅料上脱落。滚好的元宵会比乒乓球小一点，白白胖胖的，十分可爱。

在河南，开封、焦作等不少地方至今都还保留着这种滚元宵的方式。

但与河南其他地方不同的是，开封人的这碗元宵是放在正月十六吃的，正月十五则吃饺子，开封人管这个习俗叫“十五扁、十六圆”，意谓扁扁圆圆又一年。

元宵要滚水下锅，小火慢煮，待元宵都浮到水面上，就基本熟了。这时再关上火焖几分钟，待元宵里面的块状馅料融化成浓稠香甜的馅汁，就可以开吃了。跟汤圆不一样的是，这样煮出来的元宵馅是黏稠状的，吃起来特别香滑、润口。

吃了这碗元宵，这个“年”才算被彻底送走。

元宵和元宵节

开封人吃元宵、做元宵的习俗由来已久。

元宵节源于何时，说法不一。一曰汉，一曰唐，一曰宋。但部分民俗学家认为，“元宵”一词源于北宋。宋以前，正月十五这天不叫“元宵节”，而叫“上元节”，是源于道教创立的上元节（正月十五日为上元节，七月十五日为中元节，十月十五日为下元节）。又因主管上元节的天官喜乐，故上元节要燃灯。同时，上元节也是一元复始、大地回春之时，是春节之后的第一个重要节日，因此，民间一般也把这天当作“出节”来庆祝。至于这天的饮食，当时各地并不相同，有吃面的，象征天长地久，延年益寿；有吃年糕的，也有吃用番薯粉或藕粉配上莲子、甜枣、桂圆等做成的甜糟羹的，象征年年高升、大吉大利；还有吃圆子、面茧的，象征团团圆圆、和和美美。

到了北宋，道家的主流影响渐弱，正月十五被演化为祭月的节日。元，始也，即农历正月；宵，夜也，谓正月第一个月圆夜。于是，上元节从北宋开始被称为“元宵节”。宋代周必大的《平园续稿》中记有“元宵煮浮圆子”之句。孟元老在《东京梦华录》卷六的描述中，对“元宵”着墨最多，从正月十四到正月十九，共分了五个章节描述当时开封城内的元宵节盛况，可见宋人对元宵节的重视程度。

月圆夜祭月，食煮浮圆子。浮圆子，也就是今日南方之汤圆，北方之元宵，两者只是制作工艺上有所不同而已。圆子漂在碗里，像一轮明月挂在天际，象征天上月圆，家人团圆。宋人吕原明在《岁时杂记》中描述了当时开封民间流行的一种“圆子”制法：“京人以绿豆粉为科斗羹，煮糯为丸，糖为臛，谓之圆子。”当时开封城内还流行一种元宵节食品叫作焦䭔（duī），也叫“油画明珠”，其制法、口感类似于今天开封的油炸元宵。孟元老在《东京梦华录》中列举的元宵食品中，除了“圆子”、“科头圆子”，也提到焦馌，称其“街巷处处有之”。

圆子在全国流行后，当时在各地有不同的名称：灯圆、团圆、茧圆、顺风圆、珍珠圆、接天圆子、汤圆、汤团、汤丸等；其形有大如口杯者，也有小如指顶、黄豆者；其馅有山楂、菠萝、玫瑰、豆沙、枣泥、桂花以及各色干鲜果品。

开封的元宵最初也如南方的汤圆一样，为手工包制，故又名“团圆”，引申为团聚。后来发展为在簸箕、大笸箩内滚制，大概跟北宋开封街头流行的一项美食表演有关。

元宵节在北宋是一个盛大节日，盛大到什么程度？正月十四观花灯开始一直延续到正月十九收灯结束，共六天时间。节日期间，不分地位高低，不分富贵贫贱，不分年龄大小，君民同乐，既有利于促进不同阶层的和谐，保障了社会稳定，又极大地促进了假日经济消费。

这六天有点像西方的狂欢节，吃的、用的、玩的全都亮相开封街头，各类戏剧表演及杂耍也粉墨登场，其中，有一项表演跟油炸元宵有关：“唯焦馌以竹架子出青伞上，装缀梅红缕金小灯笼子，架子前后亦设灯笼，敲鼓应拍，团团转走，谓之‘打旋罗’，街巷处处有之。”

其实就是商家为了推销油炸元宵而做的一次创新式营销，场面很火爆，结果很成功。既有观赏功能，又有食用价值。由此，也为街头、家庭简易制作圆子提供了一条新思路：不要“打旋罗”的表演，直接把糯米粉放在笸箩内滚制汤团的过程也是蛮有欣赏效果的。于是，随着时光的流逝，“打旋罗”的表演形式被淘汰，但这种滚制汤团的方式却得以沿袭下来。

因为元宵只在元宵节上市，渐渐地，这个词不再单指节日，还成为元宵节的食品名称。元之后，在北方城市，浮圆子等名便被“元宵”所替代，开封人的滚圆子便也被改称为“滚元宵”，并沿用至今。

望月与口彩

为什么要正月十五吃饺子，正月十六才吃元宵呢？开封的民俗学家认为，一是跟月亮的运行规律有关，二是跟中国人的讨“口彩”有关。

月亮最圆满明亮的时刻是在“望”时。什么是“望”？每逢农历初一，月亮运行到地球和太阳之间，月亮被照亮的半球背着地球，我们看不到月亮，叫作“新月”，也叫“朔”；到了农历十五、十六，月亮上亮的一面全部向着地球，于是我们看到了圆圆的月亮，称为“满月”，也叫“望”。

在不借助科学仪器的时代，古人发现，“望”以前月亮的“脚步”有时会比较慢，从“朔”到“望”可能要走16~17天，所以会出现“十五的月亮十六圆”，甚至是十七圆。

在追求过年团团圆圆的大背景下，正月十五的月亮不圆，自然不算圆满，于是，就有了正月十五先贺岁吃饺子，正月十六再吃元宵（或汤圆）的习俗。

饺子也是特别“高龄”的中国传统食品之一。不过，饺子与馄饨最早乃是一物。

饺子出生于何时何地，具体不可考，但在南北朝时期已成为“天下通食”。颜之推说：“今之馄饨，形如偃月，天下通食也”，王学泰、邱庞同、张廉明等学者认为：这偃月形的馄饨即是饺子，“只因食于除夕子夜时分，故有‘交子’名”。

唐代韦巨源《烧尾食单》中，饺子与节气对应，出现了“生进二十四气馄饨”，它们“花形馅料各异，凡廿四种”，意在与二十四节气相配。南宋，冬至吃饺子则成了一种习俗，《武林旧事》说冬至时“享先则以馄饨，有‘冬馄饨……’之谚。贵家求奇，一器凡十余色，谓之‘百味馄饨’”。

饺子还被称为扁食、饽饽。宋元时期话本《快嘴李翠莲记》中李翠莲在夸耀自己的烹饪手艺时曾说：“烧卖、匾（扁）食有何难，三汤两割我

饺子

也会”，这里的“扁食”即为饺子。至今，北方不少地区还把饺子称为“扁食”。清代《乡言解颐》“水饺”条说当时京师“除夕包水饺，谓之煮饽饽”。

为什么过年要吃“馄饨”（也就是饺子）？一是因为古代的馄饨形如元宝（“形如偃月”），人们在春节吃馄饨取“招财进宝”之意；二是饺子有馅，便于人们把各种吉祥的东西包到馅里，以寄托人们对新的一年的祈望；三是除夕晚上子时吃饺子，取“更岁交子”之意（古代“子”有钱的含义），有“喜庆团圆”和“吉祥如意”的意思。

正月十五吃饺子，当然取的也是贺岁之意。

吃饺子是贺岁，吃元宵（或汤圆）则是团团圆圆、美美满满，新的一年必定也是甜甜蜜蜜、和和顺顺的。

于是，“年”就这样带着中国人对新的一年的祈望、祝福，被送走了。

《桐荫乞巧》

“草根”牛郎和“白富美”织女被王母娘娘划的一道天河相隔，一年只能见一次面。这原本是个很悲情的爱情故事，可如今，这个悲情的节日却被商家、民众视为情人节，实在有点搞。

七夕，与情人无关

“牛郎织女”和“鹊桥相会”

凡间的我们抬头看天，常会看到像七彩锦缎一样美丽的云霞。当然，前提是没有雾霾。

但根据民间传说，那些七彩云霞都是天上的劳动模范、织锦能手——织女，一针一线绣出来的。直到有一天，无意中到人间游玩的织女爱上了凡间老实憨厚的牛郎哥哥，一向温顺的她为了爱情，违反天条，私下凡间，与牛郎结成恩爱夫妻。

故事讲到这里，我忽然想到一个问题：织女来到凡间后，天上还有刺绣的其他织女吗？答案是肯定的，但我琢磨着，单从绣工论，下凡的这位织女姐姐肯定是绣工最好的，不然，玉帝、王母怎么会生那么大气，后来又怎么会出现这么多雾霾呢（可见掌握一门关键技术是多么重要啊）？

迄今为止，我觉得严凤英版黄梅戏《天仙配》中一段唱词最能代表在人间为人妻、人母后的织女的幸福心情："我问天上弯弯月，谁能好过我牛郎哥。我问篱边老枫树，几曾见似我娇儿花两朵。再问清溪欢唱水，谁能和我赛喜歌。"可好景不长，玉帝得知织女私自下凡成婚的消息后，便派天兵天将抓其回天宫。牛郎按家中老牛（话说牛郎真是一个比较幸运的草根，连家里耕地的老黄牛都是神仙）叮嘱，挑起一双儿女向天庭追去，眼看快要追上时，王母娘娘拔出头上的金簪在牛郎与织女之间划了一道天河，从此，牛郎织女便只能隔河相望。

日久天长，玉帝和王母架不住民怨沸腾，不得已降旨，准许每年七月初七牛郎与织女相会一次。消息传开，万民欣喜，人间的喜鹊也都在这一晚飞上银河，搭起一座"鹊桥"，让牛郎织女踏桥相会，所以，七夕节也叫"鹊桥节"。

搞不懂的"七夕情人节"

之所以此处重提牛郎与织女的故事，是因为我想强调：牛郎与织女的爱情虽然感天动地，却无论如何都是一出大大的悲情剧。商家制造七夕浪漫，自然有商业利润的诱惑，问题是那么多恋人、夫妻居然也簇拥着过七夕情人节，就实在有点让人想不通了。

所为何来呢？是祈愿自己的爱情像牛郎织女一样历尽坎坷，还是祈愿自己的爱情像牛郎织女一般感天动地呢？

中国人做事说话，包括起名字都是很讲究吉利的，尤其是婚恋这样的大事，更忌讳讲丧气话。牛郎织女的悲情故事，无论对处于恋爱期还是婚姻期的男女来说，都是不太吉祥的。举个例子，如果你在热恋或者结婚时，别人祝愿你的爱情、婚姻像牛郎织女一样，你愿意吗？

很显然，这个"七夕情人节"的提法不准确，也不太适合中国国情。

无关爱情的七夕节

我反对“七夕情人节”的提法，但我赞成过七夕节，不为爱情，为的是中国古人的智慧和中华民族的优秀传统。

在农耕过程中，发现了日月星辰的规律，然后根据天地万物的自然运行规律，进行诸如春生、夏长、秋收、冬藏等一系列农事活动，这是中国古人的智慧，也是中华5000年文明可以持续的主要原因之一。七夕就是中国农耕文明的文化呈现之一。

七夕节的缘起，最早是出于对自然，包括对星宿的崇拜。北斗七星的前四颗星又叫“魁星”，因此读书人把七夕称为“魁星节”，又称“晒书节”。

同时，古人还发现，每年的七月初七，牵牛星与织女星距离最近，而这一天，通常也是立秋前后（有时跟立秋正好是一天）。立秋一过，农作物就进入收获时节了。而人呢，就要从“夜卧早起”、“使气得泄”的夏季作息模式调整为秋季养生模式，需要“早卧早起，与鸡俱兴”；“收敛神气，使秋气平”。

汉代以后，受牛郎织女传说的影响，七夕节在原来晒衣、晒书等民俗活动中，又融入了少女向织女星乞求智巧等趣味性活动（织女星在民间传说里是纺织女神，是古代劳动妇女勤劳智慧的象征），因此七夕节也叫“乞巧节”、“女儿节”，且越来越隆重。

乞巧与乞巧市

《荆楚岁时记》曾对南北朝时的“乞巧”活动有过这样的描述：“是夕，人家妇女结彩缕，穿七孔针，或以金、银、鍮石为针，陈几筵、酒、脯、瓜果、菜于庭中以乞巧。”

到了北宋，七夕乞巧更为隆重。当时京城中还有专卖乞巧物品的市场，世人称为“乞巧市”。《东京梦华录》以及国内久佚却在日本发现的宋人笔记《醉翁谈录》也佐证，北宋首都东京城内过七夕节相当热闹。人们从七夕前三五日就开始置办乞巧物品，潘楼一带的乞巧市上车水马龙、人流如潮。乞巧市上，除了七夕巧果最受欢迎外，专为儿童制作的玩偶“磨喝乐”（泥偶）也是热门货。

磨喝乐

由于七夕节的乞巧、乞文这些活动多是由少女、童子为之，所以，七夕节又称小儿节。既然是小儿节，就必然有儿童玩物，磨喝乐就是北宋时中原地区比较流行的七夕节的儿童玩物，多为穿荷叶半臂衣裙、手持荷叶的小泥偶。每年七月初七，在东京的“潘楼街东宋门外瓦子、州西梁门外瓦子、北门外、南朱雀门外街及马行街内，皆卖磨喝乐，乃小塑土偶耳”。

七夕巧果

孟元老在《东京梦华录》中描述当时的开封城内，七夕时令物品丰富多样，街道、商店十分热闹，市民们从七夕前三五日就开始忙碌起来，采购、准备七夕的供品和时令物品。潘楼街东宋门外瓦子、州西梁门外瓦子、北门外、南朱雀门外街及马行街内，都是车水马龙、拥挤不堪。集市上最热卖的也是每家必备的节令食品：七夕巧果。

七夕巧果其实就是烙制或油炸的各类小面食，也叫“乞巧果子”、“榼饼”、“小果”、“花儿”、“巧馍馍”等，《东京梦华录》中称之为“笑靥儿”、“果食花样”。民谣有：“七月七，炸花吃。”因“巧”和“桥”谐音，因此人们认为在七月初七这天吃巧果，不仅能帮助牛郎和织女在鹊桥上相会，自己的心愿也能通过“巧”（桥）来实现。

北宋时期的巧果品种极多，主要原料是油、面、糖、蜜。是将发面团放入具有剪刀、梨、茄、瓜、石榴、苹果、小鸡、小猪、小狮子、金鱼、蛙、蟹、虾等各种花形图案的木模（也叫榼子）中，将成形后的小饼油炸或烙食。有些巧果还被点染为七色，有的以红色点染，用长线穿成串，尾端系沙果或花布，挂于壁间，以为装饰和零食，也有串成一环挂在小儿项间取乐的。

河南一些地方至今还保留着这样的七夕巧果：先将面皮切成一两寸长的条形，然后放入滚烫的油锅里，炸至金黄色。再把炸好的面皮捞起来，立即撒上芝麻、白糖，酥脆香甜。还有另一种做法：在面粉中加入鸡蛋和糖，不掺一点水，而是用油和面。面和好后，揪出一块剂子，摁进用桃木或枣木刻成的各种造型的模子里，然后照面板一磕，一个个图形可爱的巧果便诞生了，进炉一烤，香飘十里。

巧果为什么多用小麦面?

北宋时的七夕巧果主要成分是小麦面，这种制作传统河南等地至今还遵循、保留着。为什么要用小麦面呢？这就跟前面提到的古人设置七夕节的目的有关了。

中国是农耕国家，因此，对时令、节气的交替极为重视。前面提到，每年的七月初七，通常也是立秋前后（有时跟立秋正好是一天），七夕节

虽说“七夕”的民俗已渐行渐远，但一些老开封依然保留着在七夕这天，买上几样果子，摆上茶具，与家人聚会的习惯。

的设置其实也是立秋祭祀的另一种替代形式，有立秋迎秋之用意。

中医认为，立秋时节，昼夜温差加大，在饮食上应祛暑清热，多食用一些滋阴润肺的食物，而小麦性味甘、微寒、无毒，有养心神、敛虚汗、治心慌、益胃生津等功效，“此秋气之应，养收之道也”。

随着社会的发展，如今，虽然七夕食巧果的习俗已不多见，各地的七夕饮食风俗也发生了不同程度的变化，但以“乞巧会”为主的饮食风俗还有遗存。

豫北、豫东的一些乡村，曾延续着这样的乞巧会：村内未出嫁的姑娘，每七人凑成一组，共同出钱出物为织女准备供品。

贡品要准备七样水果、七张油馍、七碗小饺子、七碗面条汤，还要包七个大饺子，大饺子的馅由七种蔬菜组成，每个大饺子内分别要包上针、织布梭、弹花棰、纺花锭、剪子、蒜瓣或算盘子（象征能掐会算、聪明伶俐）、面疙瘩或小石子（象征对人实心实意）等七样东西。

农历七月初七晚上，姑娘们要把供品置在偏僻清静的地方，焚香、点纸，一齐跪在月下向织女祈祷："生活茶饭，多教七遍，七个姑娘给你来送饭。""年年有个七月七，天上牛郎会织女。牛郎哥、织女嫂，双双来送巧。""打东墙，望西海，织女姐姐送巧来。"

然后，姑娘们要分吃水果和七碗小饺子，然后把七张油馍和七个大饺子放在竹篮中挂在树上，再一起守夜、看守竹篮，称为"守巧"，谨防爱开玩笑的男孩子偷嘴吃，把"巧"（大饺子）偷去。快天亮时，姑娘们闭着眼睛，在竹篮内各摸一个大饺子，谁摸出的大饺子内包有哪样东西，谁就是那样活计未来的巧手。

沈周《中秋赏月图》（局部）

中秋节可以不搞仪式，但不可以不吃月饼。月饼，对于中国人来说，永远是情感的味道大于口舌的味道。

月饼、花糕和鲜花饼

月饼的味道

中国人的所有节日，都离不了吃，中秋节也是如此。

月饼的起源史无定论。一说是，唐之前，江浙一带就有一种纪念太师闻仲的“太师饼”，是月饼的“始祖”；一说是，汉代张骞从西域引进芝麻、胡桃后，出现了以胡桃仁为馅儿的圆形饼，名曰“胡饼”的就是月饼的前身。

河南一些地方过中秋节，特别是农村，至今还保留着家庭制作月饼的习俗。

自制的月饼多数是由发酵的小麦面蒸制而成的，有的是面团内包上花生、糖、核桃仁等，擀成圆饼，外面撒上芝麻；有的把面擀成圆饼，上插红枣，再用一个圆饼盖在枣上。面团上雕有月亮、星星、白兔、树木等图案，上笼蒸熟或烤制后，用作祭祀或者待晚上愿月之后全家分吃。有以月之圆兆人之团圆，以饼之圆兆人之圆满，并祈盼全家幸福、安康之意。

如今，城市的快节奏虽为中秋节省却了好多传统民俗活动，但在百姓心中，中秋仪式可以省，月饼是不可以省的。不吃月饼，就不算过中秋节。

月饼很好吃吗？好像也不是，毕竟是节令食品，有多好吃说不上，但没有它似乎就没有了节味儿。

年轻的时候，对于过节、吃月饼这种俗套是很不屑一顾的，但随着年龄的增长，月饼的味道渐渐会变成回忆和思念，慢慢在身体内滋生、漫延，进而让这种回忆和思念变成一种习惯，习惯到每年的这一天，无论月圆与否，必定会撕心裂肺地想家，想妈妈曾经纯手工打造的月饼，想儿时过中秋节时妈妈都做了哪些好吃的……

原来，对于中秋节的回忆就是一场吃的轮回。有些味道，失去了才知道早已化为胸口的烙印，成为永远。有些味道，是只有人到中年后才会慢慢品味出其中的曼妙。这正如“少年听雨歌楼上，红烛昏罗帐；壮年听雨客舟中，江阔云低断雁叫西风；而今听雨僧庐下，鬓已星星也。悲欢离合总无情，一任阶前点滴到天明”。

月饼，对于中国人来说，永远是情感的味道大于口舌的味道。

大宋的中秋节可能没有今天意义上的月饼

民俗学博士、河南大学黄河文明与可持续发展研究中心副教授彭恒礼介绍，中秋习俗起源很早，早在《周礼》中便有“中秋迎寒”的记载；而从唐人写的诗作来看，唐代时，过中秋已成为一种习俗；到了宋代，中秋更成了当时最重要的岁时节日之一，规模更大、节味儿也更浓了。

彭恒礼认为，“中秋”一词最早的含义有两个：一是指农历八月，秋季包括农历七、八、九月，八月正好位于秋季之中，故称“仲秋”；二是指农历八月十五，正好是秋季过半的时候，故名“中秋”。

又因为这个节日在秋季八月，故又称“秋节”、“八月节”、“八月会”。因有祈求团圆的意思，故亦称“团圆节”。由于中秋节的主要活动都是围绕月亮进行的，俗称“月节”、“月夕”、“追月节”、“玩月节”、“拜月节”。

宋时，由于科举考试恰好也是在八月举行，佳节和桂冠结合在一起，就把应试高中者称为月中折桂之人。

宋时的月饼长什么样？现在比较流行的说法是：“过中秋节时，北宋皇宫里吃的是宫饼，民间吃的是小饼、月团，这些饼类又被称为‘荷叶’、‘金花’、‘芙蓉’等，是现代月饼的前身”；苏东坡“小饼如嚼月，中有酥与饴”也多被认为是对当时中秋月饼的描写。但在《东京梦华录》“中秋”一节中，孟元老描写的全城庆中秋的场面，只提到了节令水果以及新鲜的大螃蟹等，并没有提到跟中秋相关的“月饼”。

《梦粱录》与《武林旧事》中虽提到了月饼，但都不在“中秋”一节，由此推测，宋代之月饼很有可能只是一种市肆点心，还没有“上升”到节

月饼

令食品的高度。

目前所查到的文献中，月饼与中秋联系的记录出现在明代，据明人《酌中志》记载："宫中赏秋海棠、玉簪花。自初一日起，即有卖月饼者。加以西瓜、藕，互相馈送……至十五日，家家供月饼、瓜果……"

至清代，不仅月饼成为通行的"中秋节物"，还出现了"花边月饼"等品种，袁枚在《随园食单》中详尽介绍了花边月饼，以及作酥为皮、与今日之酥皮月饼极其相像的"刘方伯月饼"的制作方法。

开封城里的"历代中秋"

宋代，中秋节是个很隆重的节日。即使是贫穷人家，在这一天，也会购买酒菜，欢度中秋。

《东京梦华录》对当时开封的中秋节做了详尽描述："中秋夜，贵家结饰台榭，民间争占酒楼玩月。丝篁鼎沸，近内庭居民，夜深遥闻笙竽之声，宛如云外。闾里儿童，连宵嬉戏。夜市骈阗，至于通晓。"月亮刚刚爬上树梢，开封大街小巷就热闹起来，显贵之家搭建并装饰起高台低榭，普通百姓也纷纷到酒楼占座位，争睹明月。刚刚开坛的美酒飘来醉人的香气，举头望月，诗意荡漾。月光照着开封七角八巷七十二胡同，妇女们拜过月亮之后，带领全家人一起品尝美食，等月亮升至中天方散……

当时的开封城，中秋节前，诸店皆卖新酒；市集上，刚上市的新鲜螃蟹，以及梨、栗、葡萄、弄色枨橘、榅桲等时令瓜果最为畅销。中秋之夜，倾城人家子女，不论贫富，"自能行至十二三皆以成人之服服饰之，登楼或于中庭焚香拜月，各有所期。男则愿早步蟾宫，高攀仙桂……女则澹伫妆饰，则愿貌似常（嫦）娥，员（面）如皓月"。

由于月亮属阴，祭月大都由家中年老的女主人主持，妇女儿童先拜月。

除了拜月、赏月、宴饮外，宋代还有各种民俗活动，如江浙地区的观潮、放水灯等。吴自牧《梦粱录》记载："临安风俗，四时奢侈，赏玩殆无虚日。西有湖光可爱，东有江潮堪观，皆绝景也。每岁八月内，潮怒胜于常时，都人自十一日起，便有观者，至十六、十八日倾城而出，车马纷纷，十八日最为繁盛……"

浙江的中秋夜还有放水灯的习俗。周密《武林旧事》记载，中秋夜"灯烛华灿，竟夕乃止。此夕浙江放'一点红'羊皮小水灯数十万盏，浮满水面，烂如繁星，有足观者。或谓此乃江神所喜，非徒事观美也"。原来，中秋夜人们放水灯并非纯粹为了观赏，还有讨好江神一说。

到了明代，中秋节又成了妇女归宁节、团圆节。这一天，出嫁的女儿要回娘家探亲，但是当天必须返回夫家，不能在娘家留宿。这一天，开封民间还要祭月光，家家虔设清供月饼、西瓜、素肴、果品、毛豆等，请客饮酒名曰"西瓜会"。妇女赏月，观星，朝天礼拜。节礼用月饼、西瓜、鲜果、鹅、鸭肉肘等。

清末民初，中秋节依旧是个很隆重的节日。民俗学家陈雨门曾在《汴京节令摭陈》中记载了清末民初开封人过中秋节的情景：从农历七月十五起，开封著名的"稻香村"、"野荸荠"、"五美"、"包耀记"、"晋阳豫"等糕点店及南货店，已将各色月饼提前出售。还有些店将重5公斤、大如磨盘的月饼作为样品，置于铺面柜台的正中。每当中秋节这一天，商贾停业，百工休假，官吏市民衣冠贺节，家家都要改善生活。街市除出售各种水果外，还有毛豆角，价格比平时昂贵数倍。此物品相传为祭月时专为月宫玉兔所设的供品，缺此则为大不敬。入夜，当月亮初升，家家院内设一小桌，上陈苹果、柿子、石榴、枣、梨，被称为"五色果供"。中置西瓜一个，瓜前竖立一月饼，两旁各摆熟毛豆角一盘。

开封人吃毛豆的习俗传说跟杨家将有点关系。相传，北宋时期，杨继

糕的一种：麻团

业府上丢了一把兵器库房钥匙，被一家肉铺的店主捡到，店主连夜将钥匙送到杨府。这天是八月十五，因番兵作乱，杨家刚刚接到圣旨要出征。店主月夜送钥匙，解了杨家燃眉之急，佘太君为答谢店主，就送他一把毛豆。店主回去以后，将毛豆分给大家，谁知第二天毛豆都变成了金豆。从此以后，每到八月十五晚上，人们为了感谢杨家的恩赐，为了感谢月奶奶的帮助，家家户户都要煮一锅毛豆。

如今，开封人过中秋不再必吃毛豆，祭月的仪式也逐渐消失，但中秋节全家团圆、共赏明月、共吃团圆饼的主题始终延续着……

糕的诞生与节日习俗有关

糕，是用面粉、米粉制成的块状或团状食品的统称，即宋人所称“果子”一类，月饼、鲜花饼以及现在街头流行的蛋糕、酥饼等均属糕。

大多数糕的诞生跟流行与中国人的节日习俗有关。究其原因，一、因为“糕”与“高”谐音，有吉庆之寓意；二、糕是有形固体，便于在年节时携带；三、糕历史悠久，花样繁多，味道香醇，经历了众多节日之后，渐渐成为人们生活中最为普遍的食物。

“糕”的前身，先秦两汉时被称作糗饵粉餈。《周礼·天官》记载：“羞笾之实，糗饵粉餈。”汉代《西京杂记》记载：“九月九日，佩茱萸、食蓬饵、饮菊华酒，令人长寿。”《急就篇》中有“饼饵麦饭甘豆羹”的记载。南北朝的食谱《食次》上记载了“白茧糖”的做法，学者认为，“白茧糖”及书中提到的“黄茧糖”都是现代年糕的雏形。

《山堂肆考·饮食》“糕”的条目中说，隋五行志收录的童谣云“九月食糕”，可见糕在隋时便已成为通行食物。唐代有饮茶之风，佐茶的糕点饼饵亦被称为“茶食”。“隋唐时期出现了许多花糕，如‘紫龙糕’、‘花折鹅糕’、‘水晶龙凤糕’、‘米锦糕’等。这些糕的制法，现在已不得而知，但从其命名之富丽来看，其原料之名贵多样，外观之华丽诱人是自不待言的。”

北宋是史上法定节日较多的一个朝代，仅每年的盛大节日就有 27 个，平均 13.5 天一个节。除了我们今天熟悉的春节、元宵、龙抬头、清明、端午、七夕、中秋等，宋人还有中和节（太阳节，他们认为每年农历的二月初一是太阳的生日）、上巳节（每年农历三月初三，过节方式主要是在河边野餐）等，节日之多，让现代人除了羡慕，还有“嫉妒恨”。

而且，逢节必吃，仅跟节日有关的食物就有 200 多种，所以糕团饼等“果子”的发展到北宋达到了一个高峰。比如，重阳节在北宋是个重大节日，跟它相关的节日糕点就有重阳糕、食禄糕、万象糕、百事糕、片糕、狮蛮数种；今日河南著名地方风味食品馓子、麻花等，也是当时寒食节的节日食品。

寒食节又称“禁烟节”、“禁火节”、“冷节”，要禁火、吃冷食。古人确定寒食节的方法是以冬至为起点，过 105 天，便是寒食节，一般在清明前一两天。中原民间一般把寒食节认定为清明的前一天。由于清明、寒食两个节日的时间挨得很紧，随着时间的推移，两个节日的习俗就慢慢渗透、融合，后来，人们不再区分得那么明确，吃“寒食”也就成为清明节的一大主题。

当时，开封以及河南地区流行的寒食节、清明节食品主要有：用面制作的“子推燕”（又名“枣餬飞燕”、“枣花”、“枣山”，大小不一。做法是以发面盘条围枣成山状、鸟状，蒸熟，上插彩旗、画鸟，用柳条串插门楣，是枣馍的一种。20世纪80年代初，一到清明节，开封街头还曾有售卖）、大枣稠饧（饴糖的一种）、醴酪（以粳米、大麦熬制的粥）、姜豉（以煮猪肉浓汤和榨取姜液熬制的，候时以冻，今河南之肉皮冻），以及乳饼、麦糕、炊饼、油馓（即馓子）、麻花等“各色果子”。因馓子、麻花长期存放不会变质，被称为“寒具”，故河南人多将馓子、麻花作为寒食节专门的冷吃食品，后来渐渐成为一种颇具河南地方风味的传统美食延续至今。

馓子和麻花的口感特点是“入口即碎，脆如凌雪”，都是将放了食盐和碱面的小麦面搓抻成细长条放入油锅中炸制的油炸食品，只是麻花的面条搓得比馓子粗，盘的圈数也少。馓子能盘上几十乃至上百圈，而麻花一般只绕三四圈。

馓子中，以开封馓子最为有名。麻花则以虞城陈店麻花、柘城鸡爪麻花、汝阳八股麻花、民权麻花庄麻花最为有名。

花糕和状元饼

糕在宋代名目繁多，仅《武林旧事》中所载就有豆团、麻团、糖糕、蜜糕、枣糕、生糖糕、社糕等几十种。花糕就是其中的一种。

花糕味美，甜、黏、糯，老幼皆宜，是开封名点，深受百姓喜爱。于是，

左上图：绿豆糕

左下图：以菊花做馅的水晶菊花糕

右上图：花生糕

右中图：宫廷四喜糕

右下图：刚出锅的开封五香双麻饼，也属于“糕”

做糕之人、售糕之店，自然也就颇有财运。五代时，花糕更因“花糕员外”一事声名赫赫。

宋人陶穀在其杂采唐以及五代之典故的《清异录》中有这样的记载：开封皇建院僧舍旁有个糕作坊，所售糕点甚多，有满天星、花截肚等品种；造型也是花样繁多，除了常见造型外，狮子以及桥梁建筑类的造型居然也有（估计有中流砥柱的寓意）。这些品种色香味颇佳，主人因此发财，发了财便捐了个员外官，故开封人称其为“花糕员外”（所谓员外，亦称员外郎，是朝廷正员以外的官员。以今之论，当属编制外之官，是名誉职务，汉魏六朝后此类员外官能用钱捐买）。经此一事，花糕的名气更大了。

北宋建国定都开封后，每年集聚京师赶考的学子络绎不绝，学子们的吃喝便成了问题。于是有人根据这一情况琢磨出了一种点心，既能让考生充饥，又不至于喝太多的水，有利于他们在考试时发挥出更好的水平。后来又将这种点心命名为“进士糕”、“状元饼”，以迎合考生的心理，博得了学子们的欢迎。

进士糕与状元饼又香又酥，两者的原料、做法相近，只是用馅不同，进士糕用果仁为馅，状元饼以枣泥为馅。制法是先把糖、蜂蜜、鸡蛋、绍酒和食用黄色素加入到面粉中与小苏打搅匀，制成面团待用，然后再将冬瓜条、青梅、核桃仁和枣分别制成果仁馅和枣泥馅，将饧好的面团擀成长条，分别包入馅料，将生坯系口朝上分别放入有“进士”、“状元”字样的花边模子内，用手将生坯压实压严，磕出码盘，放入烘炉中烘烤即成。其成品为圆形，大小匀称，周围有花边，中间分别印有“进士”和“状元”二字，花纹清晰，表面凸起处为麦黄色，凹处为乳白色，底部为黄褐色，其质绵酥，馅芯细腻，香、甜、松软，入口即化。其中进士糕以浓醇的果仁香味取胜，而状元饼则以馥郁的枣泥甜香味见长，是古都开封的传统名点，流传数百年，盛誉不衰。

这种对吃的重视一直影响到现在。今天，开封古城的糕饼之盛在国内依然首屈一指：糖糕、花生糕、江米糕、鲜花饼、大京枣、麻团、年糕、枣糕、绿豆糕、三刀、麻片、云片糕、髓饼、冰糖玫瑰饼、梅豆角、双麻饼等，那绵柔、细糯的口感以及间或缠绕的青红丝，让远离家乡的游子每每回味起来，都满是香醇。

开封双麻饼据说是北宋时期汴京胡饼店的名品，延续至今已有近千年，是河南传统十大面点之一。双麻饼是以油面为皮、酥面为里，擀片包圆制饼，两面刷水放芝麻，先用鏊子烙，再入炉膛烤。由于都是手工制作，所以每个双麻饼的个头都不太一样。

双麻饼有咸香、山楂、玫瑰等多种口味，均酥黄焦香。个人最爱咸香口味。咸香口味的双麻饼周身皆是芝麻，圆圆、胖胖的小饼能一层又一层地揭起来吃。饼身的每一层都有麻酱裹在其中，于是，面里有了麻酱的香气，麻酱里也有了面的甜香。当双麻饼被一层一层揭起时，家乡的味道也就被一层一层地回味起来了。

鲜花入馔，古已有之

百度百科对鲜花饼的词条是这样解释的：“鲜花饼是具有云南特色的云南经典点心代表，是中国四大月饼流派滇式月饼的经典代表之一。鲜花饼的制作缘起300多年前的清代，由上等玫瑰花制得的鲜花饼，因其特色风味历为宫廷御点，深得乾隆皇帝喜爱。”

好吧，我只能说，国人对鲜花饼的误解实在太深。

其实，以鲜花入糕、入馔，加工料理，在中国饮食史上，早就不是新鲜事了。

早在唐代，就有牡丹饼、菊花饼、松黄饼、芙蓉饼、贵妃红等鲜花饼（花糕）

的记载。资料显示，这些花糕的做法有很多种，有水面加蜂蜜、花粉蒸制的，比如松黄饼、贵妃红；有加牛羊脂、牛羊乳和加工后的花瓣、花朵烤制而成的，如牡丹饼、梅花饼、菊花饼等。

大概是唐代帝王都有喜食花糕的嗜好，因此，他们经常会拿花糕赏赐群臣。《山堂肆考·饮食·卷二》中提到武则天花朝日令宫女采收百花制作花糕，分赐群臣；《宋稗类钞》载，唐御膳以红绫饼馅为重。红绫饼馅，大概是红菱的笔误，是以红菱花或红菱果肉为馅的糕饼。昭宗朝时，曾用红绫饼赐新科进士。唐末进士卢延让曾入蜀为学士，年老时被人排挤，还拿当年吃过皇帝赏赐的红绫饼一事聊以自慰：“莫欺零落残牙齿，曾食红绫饼饺来。”

鲜花饼

由于发酵技术的普及，牡丹之类的鲜花饼到了宋代更为兴盛，金银焦炙牡丹饼、梅花饼、簷葡煎（原料为栀子花，用油煎的花卉面点）、荷叶饼、丹桂花糕、广寒糕等都曾是当时流行的市井糕点。这种传统市井糕点的味道至今仍可以从开封的传统糕点铺寻到，比如老五福。

个人最爱老五福的鲜花饼。老五福玫瑰饼、桂花饼等鲜花饼的馅料据说都是用老五福厂区内种植的玫瑰花、桂花做的，是将每年春天盛开的鲜花瓣拌入独家馅料后入饼的，花瓣里有饼的甜糯，饼里又掺杂着花的清香。由于用的是新鲜的时令花瓣，所以，不仅花瓣的口感清馨甜软，饼身与花瓣的黏合度也极好。

鲜花饼不管吃与做，都是要讲究时令的。因此，过了每年的四五月份，开封老五福之类的传统糕点铺就不再售卖鲜花饼，取而代之的通常是以当年的鲜花做成花酱入馅料的酥饼。

追本溯源，以正视听

之所以把开封的鲜花饼列出来，绝不是为了证明鲜花饼是中原人的独创。事实上，迄今为止，还没有任何证据可以证明鲜花饼是某一个地域独有的劳动成果。我只是想纠正几个错误的说法，追本溯源，以正视听。

首先，鲜花饼并不是云南的独创，至于“滇式月饼说”更是不靠谱；其次，鲜花饼至今已有上千年历史，属于中国年龄最长的糕点之一，网上源于清代一说显然也无依据。

最后，我还想阐述的是，中国历史上任何一种美食的产生、流行都不是没有来由的。比如把各类花卉巧加处理、加工后，以四五配膳之法入馔，除了可以增加口感的层次外，还有一个药食同源的道理。

就拿牡丹饼来说，牡丹全株皆良药，在甘肃武威发掘的东汉早期墓葬中，发现医学简数十枚，其中就有牡丹治疗血瘀病的记载。“牡丹味辛寒”、“久服轻身益寿”是古代医书对它的定论，所以牡丹饼曾一度有“益寿之饼”的称呼。

现存最早的药学专著之一《神农本草经》里曾谈到，桃花具有“令人好颜色”之功效。中医认为，桃花味甘、辛，性微温，有活血悦肤、化瘀止痛等功效，内服外用皆可。不仅如此，古人还经常用桃花来形容女子的姣好容颜，比如“人面桃花相映红”。

用现代语言解读，以各类鲜花入馔的鲜花饼契合了中医学上君臣佐使的用药之道，符合中国烹饪的四五配膳之理，绿色、健康、养生，想来，这也是鲜花饼得以流行的主要原因吧。

鲜花饼的做和吃，都是要讲究时令的。否则，会严重影响花瓣的花色、口感，更别提营养价值等。

2000 多年前，孔子说过“不时，不食”，《黄帝内经》中也提到“司岁备物”。什么意思呢？就是说不是应季的食物不要吃。我们采集药物、准备食物，都要遵循大自然春生夏长、秋收冬藏的规律，这样的药物、食物得天地之精华，营养价值最高。比如，春吃花、夏吃叶、秋吃果、冬吃根；比如，四月的樱桃、六月的西瓜、九月的梨。

中医认为，食物和药物一要讲“气”，二要讲“味”。它们的气和味只有在当令时，即生长成熟符合节气的时候，才能得天地之精气。如果不是应季的食物，就没有那个季节的特性，口味与健康价值就会大打折扣。

以韭菜为例。农村有句谚语：麦黄烂韭。意思是到了夏天，韭菜是没有品质可言的。如今，一年四季都有韭菜可吃，但从口感与营养价值评判，肯定还是春天的韭菜最好。

再说西瓜。按照西瓜的生长规律，夏季当属它的成熟期。虽说现在一年四季我们都能吃到据说是海南等地的西瓜，但仅以口感、甜度而论，这种反季节西瓜跟夏季西瓜就不能同日而语。

桃花、牡丹这些可入药、入饼的花儿自然也是如此。

顺时可以养生，逆时何以不健康呢？何况，如今，我们被反季节食品包围，怎么可能做到顺时呢？

还是举例为证。我有位女同事，正值妙龄，可是由于常年数九寒天里脚蹬薄丝袜、身穿超短裙，做出美丽冻人状，导致今年刚入秋，她的膝关节剧痛不能行走，被医生诊断为严重关节炎。

这个例子跟吃有共通之处。偶尔吃反季节食品，新奇时尚，也察觉不出身体会出现什么状况，但时间长了，也许，小毛病就会变成大毛病。

遵循四时规律，尽量不食或者少食反季节食品，这算是现下四季流行的鲜花饼给我的一个饮食警示吧。

炖中取胜

又到腊月了。这个月份里，在信阳固始县，家家户户开始忙着腌制腊肉，这也是固始人一年中最忙碌、最隆重的一个月。

除了腊味，令无数吃货对信阳菜念念不忘的还有“炖”。

土菜中的乡愁

北国“小江南”的乱炖

早餐是热干面，中午大米饭，晚上是粥或者大米饭。

信阳人的这种饮食习惯颇有楚地之风，这和它的地理环境有直接关系。

信阳地处鄂、豫、皖三省交界处，又处于黄河、长江两大文化体系之间，是南北两大文化相互影响、渗透、交流、融合之地，有北国“小江南”之称。

一座城市一旦有了水，就有了灵性，连气候、空气质量都好了起来。当然，还有可供这座城市的居民享之不尽的水产品。信阳水域面积370平方公里，覆盖率为1.96%。凭借这样得天独厚的、令河南“北侉子”们艳羡的水，信阳人从不缺鱼吃。南湾鱼、光山青虾、信阳甲鱼远近闻名。而甲鱼泡馍，最早在北方市场安营扎寨，更为信阳菜走出信阳立下了头功。

跟南方一些城市不同的是，信阳人不喜欢吃咸鱼、糟鱼，爱吃新鲜的鱼等水产品。家里有贵客，再穷的人家也会从市集上弄条新鲜的鱼回来，

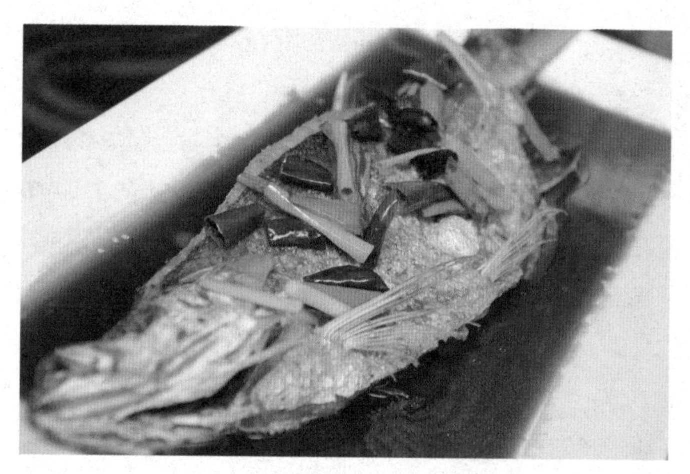

煎烧信阳南湾大白条

或煎或炖，现宰现吃。可能是水的关系，信阳那边的鱼吃在嘴里不是松散无力的，而是鲜嫩中带着一股柔柔的韧劲，并且没有那股浓重的土腥味儿。但这样的鱼一旦离开了信阳，就绝对变了味儿：泥腥味儿重了，口感也变柴了。这是再简单不过的道理：就算店家的鱼真是从南湾水库运来的，可连鱼赖以生存的饮用水都变了，肉质不发生变化才怪。

因此，很多信阳人从骨子里就认定自己是南方人，从精神上把自己与信阳以北的河南“北侉子”区分开来。这种骄傲不仅贯穿于信阳人的精神层面，也贯穿于信阳人的饮食习惯：既喜食羹（汤）、合烧（数种肉拼合在一起）、野味、腌腊等，也有爱炖擅炖的特点。

虽说煎、炸、熘、炒、焖、蒸，信阳人做得也相当精彩，但“炖”是信阳人最家常、也最引以为豪的饮食传统。

不管是鸡、鸭、鹅、鱼，还是深山里的小蘑菇，哪怕只是自家种的小白菜，信阳人都会炖出一锅别样的风味来。

只看品相，这些炖菜其实很普通，就像咱们的家常炖菜：鸡、鸭、鹅、鱼，被分成块状，和着豆腐、粉条、蘑菇、小白菜等一起，放入锅中“乱炖”。但把菜从这样的“乱炖”中捞出来送进口中，就有了出人意料的“乱炖”效果：不仅味蕾马上被唤醒，记忆中的温馨也会霎时被撕裂开来膨胀在舌间，然后不经意间渗进柔软的小心脏，于是，貌似简单的炖菜就变得不简单了。

在没有太多调味品的作用下，在看似家常的场景下，把炖菜做到极致，做到独一无二，这就是信阳炖菜的典型特点。

除了炖菜，信阳腊味、炒菜也很好吃，特点有两个：一是平和中有浓香，家常中现真淳；二是养胃、养人。

此处需要严重声明的是：如果你一不留神吃到了齁咸、齁辣的“信阳

固始鸡煲野菌

信阳焖罐肉

菜”，那绝对不是正宗的。

关于腊味的记忆

除了炖菜，信阳市固始县的腊味也是我很喜欢的一种食物。

在信阳，固始的饮食特点最为突出、饮食方式最为讲究，也是我个人极为推崇的一方饮食。

比如，直到现在，固始的一些人家依然遵循祖上的烹饪大法：炒菜时，在放植物油的同时，稍微添一点点猪油，让香味更泛滥。炖菜永远很讲究：荤素搭配，不放味精等调料提味，而是在各食材间的配比中追求汤汁原生态的和谐口感。

腊肉在中国的南方、北方都有。腊肉最早出现的目的是保存食物。临冬猪肥，乡民宰杀年猪，利用腌熏二法，保证开春之前的肉食供应。但正是这个无心插柳的举动，让中国人获得了与鲜食截然不同甚至更加鲜美的味道。

“时至今日，这些被时间二次制造出来的食物，依然影响着中国人的日常饮食，并且蕴藏着中华民族对于滋味和世道人心的某种特殊的感触。”

湖南的熏肉、四川苗家的腊肉、浙江金华的火腿，都是风靡大江南北的食物。可以说，有中国人的地方，就有对腊肉的记忆。

我年少时最喜欢熏肉，那用松果、茶籽壳、橘皮等熏烤出来的腊肉，既有茶果的味道，又有淡淡的烟火味道，并且保留在口腔中的这种味道是循序渐进的：在口舌上有微微的刺激之后，便是醇厚的咸香，然后这种咸香便会化成浓郁的回忆，留在唇齿间几天都挥之不去。

我喜欢这种味道，大概年轻的时候都喜欢刺激吧，包括唇齿间的感受。但年岁渐渐大了之后，却愈发迷恋信阳固始的腊肉。

固始腊味

信阳固始的腊味品种很多，腊肉、腊鹅、腊鱼、腊鸭。

固始的腊味做起来和其他省份的腊味无太多分别，无论肉、鱼、鸭、鹅，均经过洗晒、上盐腌制、风干等程序，但一般不熏、不烤。

因为腊肉要放置通风干燥处阴干，所以有的人家会专门辟一间储物间，用来阴干腊肉并储放食物。一个月左右，腊肉基本就可以吃了。

固始腊味

信阳固始腊味的妙处在于充分牵引出食物的天然原味。为什么这么说呢？因为基本是原生态的食材加盐，放调味品的很少，再加上这种腊味基本要加蔬菜一起炖制，所以，跟其他地方的腊味比更纯正。开始只是有一点淡淡的、经过时间二次制造的特殊味道，但几块腊肉下嘴，你就会感觉浓浓的、鲜香的腊味充分绽放，然后散开来，舒爽在胃里胃外。

这种唇齿间的渐变，其实恰如人生，在经过风风雨雨之后，才会感觉到愈是浓烈的愈是不能够长久，平平淡淡才是真。所谓落尽芳华见真淳，也许就是这个道理吧。

炖出的腊味绝品

信阳固始的腊味中，我超喜欢的是腊鹅。

腊鹅是固始腊味的代表。除了在信阳固始，鹅这种美味，在中国其他地方的餐桌上，都不是以这种密集的形式出现的。

我以前很少吃鹅，但固始的鹅在经过腌制之后，加点萝卜、笋干，以及一切干的、湿的蔬菜一起炖，简直就是绝品！

那鹅肉原本纤维是有点粗的，但腌、炖之后，鹅肉纤维分散、酥软得似乎可以入口即化；而经过时间的二次制造，那鹅肉的味道更加鲜香醇厚了，吃起来既有原野的浑厚，又带着些山谷的幽深，比金华火腿细腻，比湖南熏肉清香，更比四川腊肉爽口。

炖菜里一般是不放任何作料的，甚至是盐，但无论萝卜还是笋干，经过腊味的浸润之后，也都绽放出无与伦比的鲜美。

虽然郑州街头信阳菜馆也有腊鹅，但不知是不是食材的缘故，味道始终不是我在固始吃到的味道。也许，这就是一方水土的缘故吧。譬如茶树，

固始农家炖鹅块

原本是信阳的茶树，非要挪到杭州去种，能不能成活是一回事，但可以肯定的是，茶叶的味道已经变了。

这其实也是饮食最神奇的一面：任何一种具有地方特色的美食，在其他地方永远不能复制。

人间美味也不过如此

南阳桐柏是国家级贫困县，跟同是国家级贫困县的信阳固始却有着惊人的相似之处：穷也挡不住一颗爱吃上进的心。

于是，哪怕只是寻常的一盘炒青菜，固始人和桐柏人也会做出不寻常的味道来。比如火锅。咱们都是涮个羊肉什么的，人家固始人会用自家腊制的鸡鸭鹅猪肉做主食材，而不吃腊味的桐柏人则以新鲜的土鸡和肥猪肉为主食材。这样做的理由是：土鸡肉质紧，但油少，吃起来紧巴巴的，放点儿肥猪肉，猪肉的油脂浸入土鸡块中，两者融合使得猪肉肥而不腻，鸡肉筋而不柴。

桐柏的火锅做法是先把土鸡和肥猪肉在铁锅里一通猛炒，待油花四溅，香气扑鼻时，再放盐、加水，15 分钟后下干梅豆板儿、桐秸根、珍珠花、娃娃拳等配菜。

一家人，两家饭

徐小斐，我的同事，土生土长的南阳桐柏人。由于父亲是东乡本地人，所以，徐小斐同学是吃着大米长大的孩子。但顿顿吃米饭，对于生在西乡、自小偏好面食，却因为伟大的爱情嫁到东乡的妈妈来说，是个不折不扣的小折磨。于是“一家人，两家饭”的情景便会经常出现在他们的饭桌上。

发了芽的花生和长在水里的叽哩苞秆在奶奶的手里一搭配，便成了人间绝味儿。

“妈妈是西乡人，自从她嫁过来，面饭就相对吃得少了，所以，她会抓住一切机会吃面。最经典的是每到过年，她总蹭在奶奶家的灶台边上，等主菜都做好上餐桌了，就自己开小灶——用奶奶腌制的酸雪里蕻配面条煮，白汤翻滚，酸味也随之出来了。细细软软的面条出锅了，她就在灶台边哧溜哧溜地吃起来，那种简单的满足真叫人好笑又汗颜。”

而奶奶也很心疼异乡的儿媳妇，所以，除了那锅酸雪里蕻面条外，猪肉、羊肉或者牛肉配莲藕、芹菜剁成馅儿的肉饺子，鸡蛋、粉条、萝卜馅儿的素饺子，手搓汤圆，都是大大的有。“不怕吃不好，就怕胃里没那么大地方。”

徐妈妈践行了爱情的伟大，也践行了对口舌之欲的执着：因为爱情，我可以“移民”，但因为爱情放弃一个吃货的底线，那是万万不能的。

“一家人，两家饭”，这种极具地域特征、彰显个性、“走心”的饮食文化，不仅在南阳，甚至在整个河南都属于独一份儿。

一方水土养一方人

父子也罢，兄妹也罢，思维方式、人生观、价值观，都不可能完全一致，口舌之欲就更难统一了，所谓众口难调嘛。所以，“一家人，两家饭”，细究起来真不是个什么大问题。

一家人偶尔做两家饭，满足一下另外一位或者几位家庭成员的偏好，这恐怕是家家都难以避免的事情。但问题是，人家桐柏出现“一家人，两家饭”的状况并非偶尔或者个别家庭，而是普遍性的，甚至已经成了当地的集体现象了。

好了，问题来了：为什么桐柏会有“一家人，两家饭”的饮食风俗呢？

为了探讨这个问题，还是有必要先把桐柏的地理位置摆一摆。

农家灶台

桐柏是一个比较特别的地方，四面环山，中间是一小块盆地，气候宜人。同时它又处在南北气候过渡带上，四季分明。这样独特的地理环境造就了桐柏独特的、异于南阳其他县（南阳市以及其他各县都是以面食为主）的饮食习惯。

最有意思的是，桐柏是淮河的源头，于是，桐柏人民便以淮河为界，分出西乡和东乡。

西乡属汉水流域，农作物以小麦、高粱、红薯、大豆为主，那里的人爱吃面食，能把一盆面粉鼓捣出几十种花样。

东乡属淮河流域，不缺水，既可种植小麦，又能种植水稻。这里的人爱吃白米饭，喜欢炒菜、炖菜，口味接近信阳人，鱼鲜米香，更不缺野味，烹饪的最高境界是“汤汤水水”。

一水之隔，自然造就了桐柏两种饮食习惯。这样一来，“一家人，两家饭”的疑问也就彻底解答了：说到底，还是一方水土的缘故啊！

野味、山珍和风情小菜

桐柏的独特还在于有城里人吃不到的野味、山珍。

这里的野味是奔跑在山林间、肉质筋道的野猪（野猪成了一大害，爱集体出动吃庄稼，红薯、稻谷、芋头地被它们一拱，颗粒无收）、野鸡、野兔。还有山野里的桐秸根、珍珠花、娃娃拳（学名蕨菜）、老鼠刺芽儿等。

桐秸根只有桐柏才产，有股淡淡的甘草味儿，可以佐汤、下火锅，亦可以切丝做成凉拌菜，有清火之功效。珍珠花，菜跟名字一样美，花蕾细小、繁密、形圆如珍珠，故称“珍珠花”。过去多为山间野生，产量小，很稀有，现在不少东乡人在自家的房前屋后或菜园边也栽种此物。

还有桐柏人自己腌制的糖揉木瓜丝、酸雪里蕻、酸韭菜、酸芹菜、酸萝卜等，这些小菜不仅开胃，还是各大宴席上清爽的风情小菜。

在忆往昔的穷苦岁月里，桐柏当地还曾流行过一道“三大辣”小菜。

何为三大辣？就是辣椒、生姜、生蒜以1∶1∶1的配比腌出来的小咸菜。方法简单、食材方便，因此，在那个年代里，基本家家户户腌的都有“三大辣”。

三大辣

一碗米饭，配一点儿“三大辣”，就解决了一顿饭。孩子们上学，农家人种地，随身都带着一罐子“三大辣”。

大米和干饭

以个人喜好而言，我更偏好桐柏东乡的饮食。

东乡产米，但东乡的大米品质跟信阳固始米差不多，小而细且碎，不细看通常会错认为是糯米，无论品相还是蒸出来的效果，东乡大米都是无法跟东北大米相媲美的。但这种米熬粥的效果却是奇好：米在熬的过程中似乎长胖了，透着一脸喜庆；最妙的是泛着淡淡的黄色的汤汁，黏中透亮，米中有汤，汤中有米，和谐得很。

但想填饱肚子，不能光喝粥啊。于是，为了把本地米做得更好吃，东乡人在研发的道路上可谓前赴后继。比如，在当地比较流行的萝卜丝干饭、地锅米饭两种做法，就是东乡人长期实践的智慧结晶。

米饭蒸到七成熟，把素炒出来的萝卜丝跟米饭拌一下，然后再上笼蒸熟，米饭里就渗透了炒萝卜丝的咸香，而萝卜丝的口感中又有了淡淡的米饭的

米饭里渗透了炒萝卜丝的咸香，萝卜丝的口感中又有淡淡米饭甜香的萝卜丝干饭。

甜香，于是，赋予了这道萝卜丝干饭不寻常的风味。

而令徐小斐更难忘的是她奶奶家的地锅米饭：“水烧开，淘好的米下锅，煮一会儿，在米粒将微微煮开时（就像花骨朵含苞待放的那个过程），把米和水一起舀出来，水放在瓷器里保温（这个水放久了，表面会形成一层薄薄的汤皮）。米放在米筛里沥干，然后把米饭倒入锅中文火慢蒸，直到锅外不再冒大烟。当听到锅里有咔嚓咔嚓的声响时，带着锅巴的米饭就做好了。”

地锅米饭的最高境界是粒粒饱满、颗颗松软，不粘连、不生硬、不粘牙，前脆后香，配着结了汤皮的米汤，也是一绝。

徐小斐说：“吃着这样的地锅米饭，就着这样的野味、山珍，人间美味也不过如此。但有时候想想，这种野味与山珍的混搭可不是谁都能享的口福啊，所以，还要感谢我们东乡人背靠的青山，傍着的淮河，感谢上天的恩赐！”

洛阳汤馆

早起喝牛肉汤、羊肉汤、驴肉汤，晚饭是豆腐丸子汤和不翻汤，这就是老洛阳人的“早荤晚素”。与其他古城人的饮食形态离传统越来越远、越来越和流行接轨的趋势相比，洛阳古城人每天早起要喝汤的习惯依旧“固执”地坚守着，这种“固执”不仅无形中很好地保存了这座古城的风骨和文化，也为古城笼上了一层独特的韵味和魅力。

洛阳的早晨从喝汤开始

早起的第一碗牛肉汤

在洛阳老城区翠阜路的马武周甜咸牛肉汤馆，天刚亮，早起来喝汤的老城人就挤满了这间窄小的牛肉汤馆。

大锅里沸腾着的就是牛肉汤。汤碗里有葱花、香菜、血块、剔骨肉、杂碎、肉片或者肉块，滚烫的热汤浇在碗里后，香气顿时弥漫在牛肉汤馆里的每一个角落，让你躲不开、逃不掉。趁热喝一口，嘿，那汤无芡自黏、挂唇留齿、浓香醇正；汤中那生姜的味道伴着胡椒的味道，清爽、舒服、畅快，只觉得一股暖流从胸腹之内直散到肌肤毛孔之末，汗也出得畅快淋漓。

几个爱吃辣的，还嫌不过瘾，于是，两勺辣椒油浇在汤上，汤顿时红火起来。主食有饼、锅盔等，可以泡，也可以就着汤吃，反正各有各的味儿。

列位一定会疑惑，招牌上为什么还有“甜汤”的字样？莫非还有加糖的牛肉汤？

早起的第一碗牛肉汤

其实“甜汤”并不是在汤里放糖的意思，而是指汤里不加盐。这个意思表达的是对自己汤品的自信：不加盐等其他调味料，通常是最能品味出汤品的纯正度和地道与否的。所以，敢于挂“甜汤”招牌的，汤品自然信得过。

洛阳汤馆满街头

洛阳什么最多？汤馆最多。

大街小巷，牛肉汤、牛杂汤、羊杂汤、豆腐汤、丸子汤的招牌随处可见，汤也得以随处而喝。

肉汤、杂汤是荤汤，豆腐、丸子之类的汤就是素汤。洛阳大约有近千家各类汤馆，著名的马杰山、高老四两家的牛肉汤馆据说已经有 100 多年的历史；高记牛杂汤、李记丸子汤、张记全驴汤、任记豆腐汤也都是老字号汤馆。

原陵（也叫刘秀坟）所在地铁谢离洛阳城区有 40 多公里，那里的几家羊肉汤馆都说自己是正宗的铁谢羊肉汤馆，家家生意都火爆，其中李松家的汤尤甚，每天专门从洛阳城内赶过去喝汤的人络绎不绝。

洛阳人爱喝汤，遇上一处好汤馆，通常会叫上一大帮亲朋好友尝汤。一般我们管结伴旅游的叫“驴友”，京剧的超级戏迷叫“票友”，洛阳人则管爱喝汤的这拨人叫“老喝家儿”、“老弄家儿”。由于现在古城内各类老字号奇多，所以外地人喝汤最好叫上一个当地的老喝家儿鉴别真伪。

洛阳人为什么爱喝汤？据说，古时洛阳总是水、旱、虫灾不断，时有颗粒无收的状况发生，为了生存下去，洛阳人就想出了粮食不够水来凑的招儿，再加上喝汤夏季可以除湿，冬季可以保暖，久而久之，就成了洛阳人民的饮食习惯了。

走在洛阳，随处可见的汤馆和喝汤的人

不能落下的丽景门

说到喝汤，一定不能落下丽景门，因为市面上快要找寻不到的“不翻汤”馆就在丽景门南大街上。

丽景门，是洛阳的标志性建筑。洛阳古代被称为“天中”，是兵家必争之地。隋唐时代，丽景门内曾是朝廷诸省、府、卫、堂、馆、局、台、寺等的办公场所。

从丽景门沿着青石板砖铺就的小路往里走，就是洛阳著名的商业一条街：南大街。与其他古城景区不一样的是，街道一旁依旧保留着很多旧时的民宅。青砖灰瓦下的居民，不仅坚守着自己的民宅，也在坚守着自己的生活习惯，包括饮食习惯。

穿梭在青砖灰瓦下，游走在青石板砖铺就的古色古香的小巷中，抬头是上了年头的老字号、老招牌，身旁是从巷子深处走来的古城人，此情此景，总会令置身其中的游客恍惚间有种时空穿越的错觉。

传说中的“不翻汤”

南大街上的老高家汤馆经营的就是传说中的“不翻汤”。

用小勺舀些鸡蛋豆面糊往平底锅里一倒，摊成一张类似煎饼的薄片，不用翻个儿就熟，所以叫“不翻”。

将两张晶莹翠绿的不翻饼叠着放进碗里，舀些滚烫的骨头汤浇在上面，

这样的“不翻汤”是不是看着就有食欲？

制作“不翻”

注意，那骨头汤里有粉条、黄花菜、海带、韭菜、虾皮、肉、油炸豆腐丝、鸭血、紫菜等，看起来疏密有度，黏而不稠。那汤喝着有点像开封城快要失传的素胡辣汤的味道，还有一股子肉汤的厚重绵长，再加上汤中清香而渐进的胡椒的辛味，绝对是一款低调奢华有内涵的汤中上品。

值得一说的是，商业街上的这家老高家不翻汤，不仅是外地游客吃，赶在饭点儿，还总见本地人拿着锅、盆什么的来这里端汤。于是，丽景门、南大街忽然就不再只是生硬的旅游景点，而是多了些生活的气息，有了那么一丝人情味和亲和力。

就是这点儿人情味和生活气息，注定了丽景门、南大街跟国内其他古城或者仿古街不同。

无论是周庄、凤凰古城，抑或是大理、丽江古城等，逛了一圈之后，通常我们最大的感受就是，除了街景，大约已找不到真正的传统了。这其实也怪不得谁，想要经济发展神速，民俗、民风等传统文化上的东西大抵都是要付出惨痛代价的，所谓世事两难全。

既要保存历史、文化，又要有条不紊地发展经济，这看起来是永远不可调和的矛盾，但洛阳似乎是一个另类，丽景门就是这样一个另类的典型代表。

喝汤的规矩

在洛阳，所有汤馆都配有发面油旋、烧饼、方饼、油酥、锅盔或者切得像面条一样的薄饼等主食，有的汤馆还配有焦炸丸子、豆腐皮等，荤汤的价格均视汤中肉的多寡而定，多是 3 元、5 元一碗到 20 元一碗不等。

一碗汤喝罢还嫌不够？那就随便添，免费的。也就是说，加肉添钱，加汤免费。

此处需要注解的是：加汤免费这个规矩，并不是洛阳某一家汤馆的规矩，而是全洛阳城所有汤馆从古至今留下的不成文的规矩。由于这个厚道规矩，在老洛阳城的汤馆中，过去经常会出现这样的情景：买一碗汤再喝上三四碗免费肉汤，直到彻底喝饱再走，完全不用考虑汤馆随时会撵人。不管是汤馆老板还是汤馆跑堂的，也都习以为常，因为他们认为这样喝汤的主儿不是做苦力的，就是家里经济条件不太好的，不得已才为之。

人情留一线，日后好相见。这个中国人最朴素的生活哲学在古城洛阳体现得淋漓尽致。

在追求旅游经济指数不断攀高的今天，一座城市的商业行为中还在整

洛阳喝汤规矩：加肉添钱，加汤免费

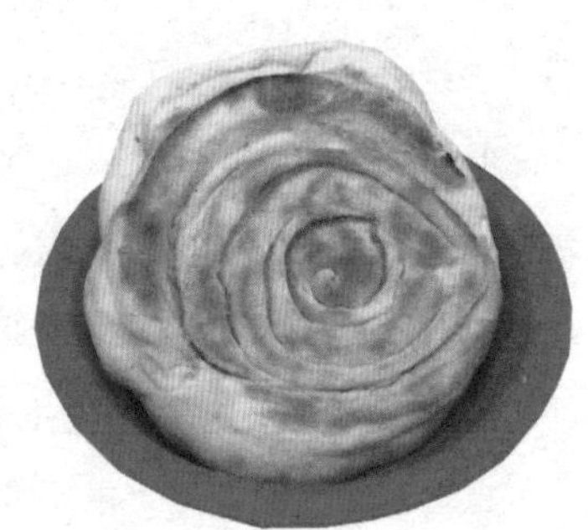

喝汤绝配：油旋

体延续着祖宗留下的某种厚道规矩，显得稀缺而珍贵。

把汤进行到底

俗话说，一方水土养一方人。任何地域任何饮食的产生必是和彼时这个地域的地理气候、风土人情有关。洛阳也是如此。

自夏朝始，先后有13个王朝在洛阳定都，至今已有4000余年建城史。因地处古洛水北岸，水之北乃谓“阳”，故名“洛阳”。洛阳城，北据邙山，南望伊阙，洛水贯其中，因此，自古便有“四面环山、六水并流、八关都邑、十省通衢”之称。

由于地处盆地，洛阳城几千年的饮食贯穿了一个“汤”字，且以酸辣见长。早晚喝汤，中午吃水席，从坊间到厅堂，洛阳古城始终坚持着把“汤”字进行到底，其中的执着，并不是其他原本饮食特征也很明显的地域以及那个地域的饮食男女所能坚守的。

水席是洛阳人民生活智慧的典型代表之一，是迄今为止中国宴席中唯一以整套宴席入选国家级非物质文化遗产名录的项目。

为什么叫水席？关于这个问题，老洛阳人和一些学者一直争论不休，争论的焦点主要有两个：一种说法认为洛阳道道菜离不开汤水，故叫水席；另一种说法则认为，水席热菜是上一道撤一道，如行云流水一般，故叫水席。

但如今这些说法又被一些水席研究者否定，他们拿出的直接证据是：洛阳水席在20世纪50年代之前叫“官场席”，直到20世纪50年代之后才改为“水席”。水席说白了就是以水为味本，在烹饪中巧妙用水而做成的宴席。人们所看到的上菜如行云流水，只是水席的外在形式。

其实，无论哪种说法，作为“洛阳三绝”之一，洛阳水席已经成了洛阳独特的人文现象，它的汤汤水水、苦辣酸甜咸，实际上都是大唐遗风的一种体现，也是迄今为止我国保留下来的独一无二的，最完整、最古老、最具特色、最有风味的名宴。

话说洛阳水席

关于水席的概念，始终争议不断。但是，对于水席兴于唐、盛于唐的

天下第一宴

牡丹燕菜

历史背景，无论坊间，还是学术界，大多是认同的。

“洛阳水席，传承的渊源来自唐宫宴。大唐时期，高桌高凳从中亚传进中原，上自宫廷下至民间，便开始改席地而坐为高桌高凳围而食之的宴式，史称‘大唐国风’，‘燕乐围食’。此风由武后在洛阳始。”

到了北宋，朝中的官员文士们多乐居西京（今洛阳），他们宴请往来，采用了唐宫廷宴式，人们便把此种宴式叫“官场席”。“宴承唐式，盛于西京府第。珍材繁工，非丁技者难以为之。风弥官士间。”

如今的洛阳水席，全席大致二十四道菜，即八个冷盘、四个压桌菜、八个大件、四个扫尾菜。其上菜顺序是：先摆四荤四素八凉菜；接着上四个大菜，每上一个大菜，再随带两道菜，名曰“带子上朝”，第四个大菜上甜菜甜汤；后上主食；接着四个扫尾菜；最后是送客汤。

原本并没有送客汤，因为最后一道菜是丸子，而“丸”与“完”谐音，不太吉利，于是，便在这二十四道菜之后又加了一碗酸爽利口的蛋衣汤。一为清一清食者满口的荤腥油腻；二来这蛋衣专取蛋黄搅匀了撒于锅中，黄灿灿浮于碗上，寓意大吉大利。

洛阳水席素为主

“素食荤做”是洛阳水席最大的特色之一，牡丹燕菜、松鱼、脯肉、洛阳海参、焦炸丸子等都是典型的代表。

水席为何喜素？盛唐，洛阳作为国际大都市，尊佛、礼佛之风日隆，吃斋念佛成为风气，食素自然就成了一种荣耀、一种时尚。因此，逢节祭祖，洛阳当地大部分家庭的供品也多以牛、羊、鸡、鸭等仿制品为主，有让先祖也随节而饱口福的意思，以逐世风。时间长了，“素食荤做”便成为洛阳饮食的一个传统沿袭至今。

水席中有名的牡丹燕菜、赛海参、焦炸丸子等，食材大都是民间普通的萝卜、粉条，但经厨师妙手烹制后，便脱胎换骨，唯美异常，如奇花绽放，令人叫绝。

水席的热菜中，萝卜，不仅是第一道大菜牡丹燕菜的主食材，并且作为主要食材，占据了水席中相当规模的份额。

萝卜本是粗菜，一般是难上大筵贵席的，唯洛阳水席不拘此例。说起来，这也跟萝卜的一段逸事有关。

传说，武则天当年在洛阳感业寺削发为尼，仍遭异党加害，甚至被赐毒酒。她想起与皇帝父子的一场情义，到头来竟落得如此下场，便感心灰意冷，接过毒酒一口吞下。

谁知被御酒赐"死"的武则天被抛"尸"于寺外荒野后，深夜竟被露水打醒。醒来时，由于毒酒的药力尚未消散，武则天感到腹痛难忍。此时，借着月光，她突然发现了一片萝卜地，便拔出萝卜生啃。不知是萝卜的生津解毒之功效救了武则天，还是武则天命不该绝（抑或是宣旨的宫人同情她，故意放她一马），反正是武则天大难不死，捡回了一条命。

后来，登上皇位的武则天感念萝卜的义举，便加封萝卜为"义菜"。为了自省其身，她还要求御厨做国宴大菜时必须把萝卜放在第一位，尊萝卜为上。

所以，在水席中，萝卜必是热菜中的第一道菜，沿袭至今。

"义菜"这个名字一直从唐叫到五代。到了宋代，程朱理学兴盛，武则天被贬，连救过武则天的萝卜也被株连得不让叫"义菜"了。因做好后的"义菜"形似燕窝，所以，自宋后，就把"义菜"改叫成了"燕菜"。

牡丹燕菜，是洛阳水席的经典菜品、"中国名菜"推展品种。提起洛阳水席，就必定要说"牡丹燕菜"。

1973 年 10 月，周恩来总理陪同加拿大总理特鲁多来洛阳访问。为了让两国总理吃得开心，洛阳厨师在烹制燕菜的过程中，特意摆上一朵用食品做成的牡丹花。据说周总理见后便说“洛阳牡丹甲天下，菜中也能生出牡丹花”，从此，“洛阳燕菜”更名为“牡丹燕菜”。

别看萝卜很家常，可做成燕菜就没那么简单了。需要选上好的萝卜制成长丝，细如龙须，然后用去油的高汤浸泡入味，滤干了水再裹上薄芡，上笼蒸至芡凝固，这时蒸出的萝卜丝已是晶莹剔透，团如浮云，质如白玉，形似燕窝，再与配好的汤料文火轻焖出味，吃起来利爽香滑，且香而不腻，

牡丹燕菜

焦炸丸子

滑而不淡，脆中有韧，清爽如素，馥厚似荤。

就这样，普普通通的萝卜丝，在洛阳厨师的手中变成了燕菜，并成就了一桌高端大气上档次的宴席。所以，到洛阳吃水席，燕菜做得好坏与否是判定一桌水席优劣的主要标准。

洛阳水席水为上

汤汤水水是洛阳水席最显著的特点。洛阳水席全席二十四道菜，除了凉菜，其余全跟汤有关。因此，吃水席，汤很重要。五味六材，水为第一。我真正认识并了解洛阳水席，就是从“水”开始的。

嗜茶如命，是我的软肋。

“真不同”水席燕菜

在崇尚健康、提倡科学养生的今天，大多数人的一天是从一杯白开水开始的，而我的一天则是从一杯茶甚至是一杯酽茶开始的。尽管我知道这并不利于我的健康，但许是此生上瘾之事极少的缘故，茶瘾，我不仅戒不掉，反而越来越大，以至于现在每晚临睡前，必须要泡杯热茶喝上几口才能入眠。

我的茶瘾之大跟男人的烟瘾、酒瘾有一拼，也常常令周遭的同事“为之侧目”，也曾令一位嗜茶男士对我的茶瘾甘拜下风，叹我为“奇葩”。

因为嗜茶，我不仅对茶挑剔，对水更挑剔。除去在单位不得已用桶装纯净水泡茶外，其余时候，我基本用自来水泡茶。

纯净水、矿泉水与自来水之间的区别有多大？也不大，只有那么一点点，但就是这一点点，使得茶汤的味道发生了变化，这个变化，若非嗜茶如我的“瘾君子”，是感受不出来的。

而这个舌尖上的变化，用绿茶或者铁观音之类的半发酵茶来泡是最能显现出来的。

接下来我要说的是水席的“水”。

我是2013年立秋前到洛阳“真不同”饭店采访的。

“真不同”饭店，创始于1895年，至今已有100多年的历史，以经营独具地方特色风味的洛阳水席闻名中外，是“中华老字号”、洛阳市重要接待窗口，入选国家级非物质文化遗产名录。

采访“真不同”之前，我有点犹豫：虽然“真不同”如今几乎已成了洛阳水席的代名词、洛阳市的一个文化符号，但由于它对传统水席的不断创新，质疑与否定者并不在少数。

这也算是一朵“奇葩”了。这样的“奇葩”不采访、不结识，实在有负自己的职业。于是，在圈内好友的帮助下，我费了一番周折才得以见到国家级非物质文化遗产项目“真不同洛阳水席制作技艺”代表性传承人，洛阳酒家有限责任公司董事长、总经理，真不同洛阳水席第五代掌门人姚炎立。

完全是出于礼貌吧，姚炎立让服务员给我沏了一杯茶，而且是铁观音。

用了“而且”一词，是因为我素不喜铁观音，但眼前放着一杯茶不喝，对于一个有茶瘾的人来说真心是一件很痛苦的事情，于是，在采访的间隙，还是不知不觉喝了。

不过茶汤的味道之好有点出乎我的意料，开始我以为是茶叶好，但后来发觉不应该只是茶叶的问题（茶瘾如我者，很显然，于好茶是不觉得稀奇的），重点应该在水。

于是，正当姚炎立沉浸在水席历史的讲述中时，我忍不住打断了他的话:“这个水，好像有点问题，它不是桶装水的口感。”这回轮到姚炎立吃惊了，他没想到遇到了一个如此嗜茶的另类女人，于是，采访发生了逆转：经常接待国内外各家媒体、已经有点接待疲劳的姚炎立开始变被动为主动，并延长了采访时间。

继而，在姚炎立的介绍下，我才知道，“真不同”的制胜秘诀之一就是水。那是河南豫西山脉下的千年古泉——溪鸣山泉水，常年恒温16℃。从2009年开始，每天，“真不同”要从那里运一车水（每车两吨，洛阳花会期间，一天两车），用于店内的所有饮用、烹饪。

唱戏的腔，厨师的汤

3000多年前，中国烹饪始祖、商朝那位从奴隶做到重臣的传奇老头儿伊尹在论述烹饪之道时曾说：“凡味之本，水最为始。”现在中国烹饪界对此有种通俗的演绎：“唱戏的腔，厨师的汤。”

1000多年前，唐代陆羽认为，泡茶以“山水（即泉水）上，江水中，井水下”。这是因为泉水是经过很多砂岩层渗透出来的，相当于多次过滤，

水席新品：上汤竹荪

水席新品：古都飘香

水席新品：太极八宝

不再存有杂质，水质软，清澈甘美，且含有多种无机物。以泉水沏茶，汤色明亮，并能充分显示出茶叶的色、香、味。

五味六材，水为第一。这是中国烹饪的智慧，也是中国人总结的生活哲理。

姚炎立的创新就是从汤开始的。

多年来专注于洛阳水席研究的作家张元纯认为："中国饮食中以汤为主的，恐怕就只有洛阳水席了。在明朝，饮食上有'京可无洛阳不可无'的说法，当时福王府还专门把武皇水席做到了洛阳，为什么？水席是很讲究养生的！它以流质为主，对人体的吸收是有益的，但人们现在对水席的价值认识得不够，远远不够！"

在听取了各界专家、学者的反复论证，并做过N次探索之后，2009年，姚炎立把"真不同"所有店内的饮用水、烹饪用水都改成了溪鸣山的泉水。也就是说，洛阳"真不同"水席的汤本味用的基本是溪鸣山的古泉水。

"汤的制作十分严格，鸡架、棒骨、火腿、五花肉等一样不能少，分量给足，准点上火，大火烧开，撇沫慢烹，经14~16小时的熬制后才是如今'真不同'水席的汤。"

不得不说的是，姚炎立的这个创新有点冒险，还有点出力不讨好。

首先，舌尖上那点小小的变化很是微妙，并不是所有的食客都是吃货并且可以直接感受到这点微妙的变化。其次，即便是超级吃货，或者如我有茶瘾者，也是众口难调。譬如某位茶友就喜欢用纯净水泡茶，能说他不对吗？很显然，不能！所谓萝卜青菜，各有所爱。

"因为物正，味儿才纯。"姚炎立强调。

姚炎立口中的"味儿"是什么味儿？洛阳味儿。一方水土养一方人，用洛阳的千年老泉水泡茶、制汤、做洛阳水席，姚炎立认为，这才叫地道，是不可复制的洛阳味儿。

这个味儿也许不是那么张扬，不是那么明显，这个味儿有点类似于《美食总动员》里那位苛刻的美食评论家的味觉反应：华丽和雍容的菜品不仅没有感动那位苛刻的美食评论家，反而使他更加相信厨师的无能；可是当一道最普通不过的家常菜摆在他面前时，妈妈的温情便撞击在他的血液中，他又忆起了儿时妈妈给他做菜的情景……这道妈妈菜，彻底俘虏了美食评论家的味蕾。

在“随风潜入夜，润物细无声”的味觉变换中，出其不意地击中你的小心脏，起到“此时无声胜有声”的效果，姚炎立强调的，就是这个味儿。

而这个味儿，恰恰是我喜欢的。

重量级吃货——老狐狸

去洛阳的当天傍晚，身量已经达到两个普通女性身量之和的老狐狸与他的“狐朋狗党”在洛阳凯旋门七号会馆与我相见。

老狐狸，男，1966年出生，土生土长的洛阳吃货一枚。关于体重，基于面子，他始终对我守口如瓶。但据他介绍，10年前，他的体重还算正常，但没想到最近几年，随着他吃货业务范围的不断扩大，体重也不断升级，直至发展到今天这个“动人”的身量。但体重的增长却并没有影响他对吃的热爱，每周五，他依旧带领他的团队游走于洛阳的大街小巷尝吃。

2004年，老狐狸在洛阳发起组织了“腐败团”，团队的活动主要就是定期到大街小巷的饭馆、小摊AA制寻觅美食，这个队伍最壮大的时候人数达到200多人；那张如今外地人也可以见到的“洛阳美食地图”（号称手绘珍藏版），以及美食专题片《舌尖上的洛阳》都出自他的策划、组织。

由于太爱吃了，在遍尝洛阳城的美食之后，他开始为自己的本土饮食打抱不平了：我们洛阳有那么多好吃的，不比粤菜、川菜差啊，在国内的美食圈中，凭什么就不给我们洛阳菜、豫菜留一席之地呢？也算是知耻而后勇吧，他开始研究洛阳美食的历史，而散落在民间的一些好的吃食，也在他的整理、挖掘、宣传、倡导下渐渐回归到洛阳人的餐桌上来。比如，丽景门的不翻汤，就是他找到并在《舌尖上的洛阳》广而告之后，渐渐被外地食客惦记着了。

不一样的洛阳水席

之所以把此次聚吃窝点选在凯旋门七号会馆，还是因为水席。

跟其他经营洛阳水席的酒店不同的是，凯旋门七号会馆给洛阳水席注入了“本土特色＋时尚美食”的新概念，也可以看作洛阳水席的另一种传承和创新。

七号会馆的牡丹水席宴，在水席的菜式、内容、口感和装盘方式上，在注重挖掘洛阳特色的同时，又融入了现代元素。比如，相比于其他饭店，他家的装盘方式更偏重于造型和“写意”，追求中国传统水墨画的意境，既讲究菜品的构图、布局，又追求“色、香、味、形、器”，在疏疏落落间意境全出。

同时，七号会馆的牡丹水席宴把洛阳各县（市）区最知名的特色小吃，比如洛宁酸牛肉、新安烫面角等作为牡丹水席宴的组成内容。这些小吃，在七号会馆配以水席食后口感极佳，齿留余香，颇受一众吃货的推崇。

讲解洛阳水席文化的“牡丹仙子”不再是一身唐装，而是着一袭红色礼服。礼服的一侧缀以几朵雍容华贵的大牡丹，头戴美丽的牡丹花，再加上高挑瘦削的身材和青春靓丽的面容，宛若从现代工笔牡丹图走出来的“仙子”，令人顿生曹植当年在《洛神赋》中描述的“其形也，翩若惊鸿”的惊艳之感。

历史文化与现代时尚就如此巧妙地融合了。

凯旋门酒店管理有限公司董事长汪铄沁认为：“凯旋门对水席的传承原则，就是坚持中原文化的‘中庸’之道，让它在传承的基础上，既有包容性，又有开放性。既能让食客品尝到最地道的洛阳水席和洛阳小吃，又能让他们感受到洛阳古都的饮食文化和作为国际旅游城市的时尚脉动。虽说任何改革都有风险，但有着千年历史和文化的洛阳水席如果永远不变化、不改良、不能与时俱进，洛阳水席的传承也许只能是句空话。”

美食地图、舌尖上的洛阳

尝菜时，老狐狸给了我两张“洛阳美食地图”，那是去年他自己策划、筹资出版的河南省第一份手绘美食地图。

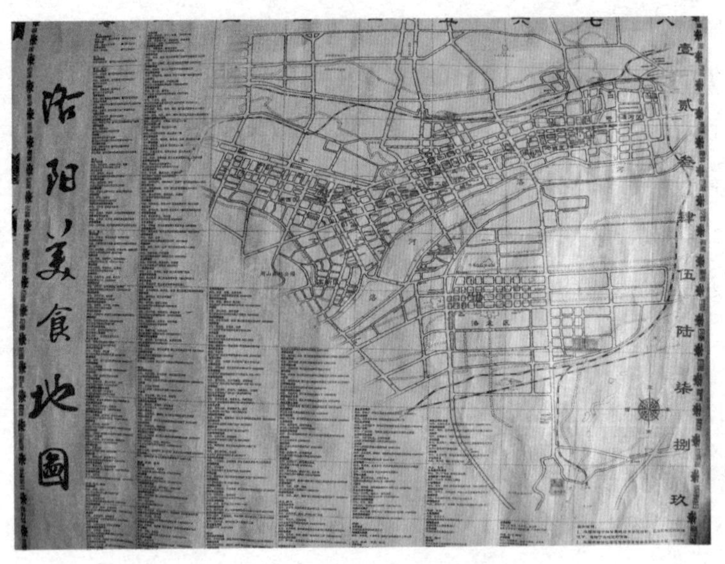

洛阳美食地图

地图上，不仅有吃货需要的洛阳城内外的各个美食摊点、饭铺，还有一些洛阳美食的典故、传说，包括水席的历史、文化溯源等。

小小的一张地图，其实承载的不仅有老狐狸的吃货情结，还有老狐狸对传统的中华饮食剪不断理还乱的纠结。那纠结有对中华饮食的自豪，更有对部分中华饮食传统、文化在丢失、退化的心痛，那心痛，其实还是来源于无比的热爱。

地图是去年的成绩。去年，还有一个让老狐狸更为骄傲的成绩，就是美食专题片《舌尖上的洛阳》。在这部片子里，有老洛阳人倍感亲切的犄角旮旯里的小食，也有让90后人群眼前一亮的美食聚餐地点，更有全体洛阳人对自家美食的骄傲和自豪。

致敬，洛阳

东扒、西水、南炖、北面。

首先声明，这绝不是掉书袋，而是多年前，跟几位泰斗级的烹饪大师、学者闲聊时，几位大师根据河南地域、饮食特点总结的河南饮食特色。

东扒即扒菜，以豫东开封为代表。菜品种类很多，有红扒、白扒之分；菜式多样，有扒广肚、扒海参、扒白菜、扒羊肉等。

西水指以洛阳水席为代表的水席菜。

南炖指用豫南特有的原料做成的有独特风味的炖菜品，以信阳地区为代表，有“赛江南”之誉。

北面指豫北包括安阳、新乡、焦作、濮阳等地以面为代表的面食菜品。豫北大平原是河南乃至全国主要的粮食生产基地，故有“南稻北麦”之说。产出的粮食、面粉品种繁多，有粗粮、细粮、谷米面，代表菜品有糖糕、大麻花、烧饼、贡馒、皮渣、杠子馍、油馒头、鸡汤豆腐脑、油茶等百余种，武陟油茶更是早在明代就属贡品。

这还只是河南菜这一脉中的各大支，在每一大支下还有各类分支。河南的饮食之丰富、之奢侈恐怕是欧洲那些一个城堡圈起来就是一个国家的民族所不能理解的：你们的饮食那么丰富，你们的传统那么悠久，可你们并没有尊重，并没有保护和推广，你们还凭什么说自己是文化大国？你们今天吃到嘴里的还有多少是老祖宗留下的？

无论地理还是物产，我们真心是个“天赋异禀”的民族，河南更是如此。可看看我们今天的早餐摊点，心里就会严重有落差了：那么多听起来就流口水的好吃食真心没几个了。

糖糕，是我小时候经常吃的面食之一，那松软、筋糯的口感，甜而不腻的味道，始终挥之不去。但似乎是一夜之间，这个“天赋异禀”的小糖糕就不见了，鸡蛋鳖（鸡蛋布袋）不见了，单根、双根油条不见了，取而代之的大多是用调料勾兑出来的传说中的“逍遥镇胡辣汤”和越做越小的小油条。豆腐脑常有，但跟豆腐脑绑定在一起的鸡汤肯定不会有；豆沫也会有，但好喝的搜遍全城也没几家。

其实小小的糖糕说起来满身都是学问和技术，远的不说，就说今天尚在世的一位豫菜大师，他当年有幸进入名师云集的“三所”（指河南省黄河迎宾馆，前身为河南省委第三招待所，简称“三所”，先后接待过毛泽东、邓小平等国家领导人和一些外国政要）学艺，就是因为糖糕炸得好，师傅看中了他的这身手艺才召他入门的。

对吃，无论是做的人还是吃的人，都已经没有敬畏之心了。传统也就在快节奏中渐渐消逝了。

而洛阳似乎是个例外。

不管时代如何变革，也不管其他地区的子民是否抗拒不了调料式胡辣汤的便捷而最终向市场妥协，洛阳人始终在坚守着每天早晨从喝汤开始的生活习惯，而这种坚守带来的最直接的结果就是：在河南其他市场所向披靡的调料式胡辣汤最终没能成为洛阳的主流餐饮。胡辣汤在洛阳妥协了。

你强他就弱，你坚守他就会妥协。市井人心如此，市场也如此。

吃货在坚守，做吃的人也在坚守，于是，传统就有了市场，有了承继，才有了洛阳传承至今的悠久饮食传统，才有了可以游刃有余地穿梭在历史和现代的千年古都洛阳。

致敬，洛阳。

炒鸡绒

年过六旬的张国柱，生于河南省焦作市博爱县北里村，是博爱县坞庄村的女婿、外甥，离开家乡已近40年，每次去坞庄喝喜酒、吃喜面，都会吃一场三八席，吃一道坞庄名菜炒鸡绒过过瘾。

炒鸡绒和三八席

坞庄名菜炒鸡绒

年过六旬的张国柱，生于河南省焦作市博爱县北里村，是博爱县坞庄村的女婿、外甥，离开家乡已近40年，每次去坞庄喝喜酒、吃喜面，都会吃一场三八席，吃一道坞庄名菜炒鸡绒过过瘾。

炒鸡绒是坞庄红白喜事的席面上必上的一道菜品。食材很寻常，做起来却相当费事。主料是鸡脯肉（也可以用猪里脊肉），把鸡脯肉尽可能剁碎，然后再用刀背砸成糊状，再按一斤肉8至10个的比例加入鸡蛋清（蛋黄蒸熟，切成小方块备用），加入淀粉、盐及其他调料适量，然后搅拌、下锅炒。肉炒好后出锅，把油舀出来，再把主料下锅，加入辅料荸荠（没荸荠的话也可以用梨，不过档次就下降了）、杏仁、蛋黄块儿、黑木耳等，稍加翻搅就成了。这道菜荤素搭配，色泽艳丽，肥而不腻，口感滑柔。

做炒鸡绒要掌握两个要领：要用猪油炒，因为只有这样，炒出的菜才有光泽，品相好；搅拌鸡脯肉时，要朝一个方向使劲儿，这样才能保证肉可以炒成块儿，不会成为一盘散沙。

张国柱说，炒鸡绒的创始人是杜道儒，坞庄村人，生于清朝末年，曾在清末河南数一数二的大商号“杜盛兴”总号、各地分号主厨多年，去世20多年了。他创制的这道炒鸡绒后来被坞庄人称为一绝。此外，此人还有一身好武功，据说有次在炒菜的时候，一只狗在他身边转悠，他随手反掌一拨拉，那只狗立马倒地，脑壳都被打碎了。

用最寻常的食材做出不寻常的味道，这就是中国烹饪最精妙之处，也是中国顶级厨师体现出的取之于民、用之于民的最朴素的生活哲理。

跟坞庄有关的“陈年旧账”

坞庄是博爱县的一个村，村子里的大道很少，以曲曲拐拐的小路和无数个又窄又弯的小胡同为多。村里人说，在进行拆迁和改造之前，陌生人“钻进去就出不来”，这情景，颇有点像电影《地道战》里的镜头。

就在这个“钻进去就出不来”的村子里，有一条建于明清时期、距今400多年的街道。街上的民居基本也都建于明清时期，其中一幢就是“杜盛兴”商号的货房。

经营中草药曾是坞庄人的主要谋生手段，其中杜家的一支从明末开始经营中草药，清道光年间发展为著名的商号“杜盛兴”。商号在清朝中期以后至民国年间生意遍布全国，是著名的中药老字号北京同仁堂的供货商。

“杜盛兴”总号就在坞庄。坞庄的货房是“杜盛兴”商号“总指挥机关”，“掌柜、伙计都是在这里培养的”，同时也是药材加工和运转之地。

清咸丰年间兴建的杜氏家庙保存至今的木刻楹联，是由道光九年进士，咸丰年间曾任侍讲学士、都察院左都御史，同治年间任工部尚书、翰林院掌院学士、文渊阁大学士，同治皇帝的老师倭仁题写的，可见当时杜家的影响力之大。

张国柱说，炒鸡绒这道菜从做工的复杂程度推测，估计是杜道儒在杜家主厨时创制的一道私房菜，杜家衰落后才流到坊间。而且，由于坞庄不临公路，没有发展服务业的条件，村里没有饭店，所以，如果想品尝地道的炒鸡绒，只能在坞庄人举办的家宴上了。

武陟的遗憾

仅一个坞庄，就有这么多的料，着实出乎我的意料，更令我兴奋。事实上，不只是坞庄，整个博爱之行，都是我的意外收获。

焦作，在驴友的心中，是云台山的代名词；焦作，在崇拜养生的今天，是铁棍山药或者说是四大怀药的代言人。如果非要找出跟吃有关的关键词，似乎还有一样：武陟油茶。我最初就是冲着武陟油茶去的焦作。

但遗憾的是，我去的时候，武陟县城街头早点已被用一堆料粉勾兑出来的胡辣汤所代替，武陟油茶厂也因为“进入生产淡季而暂时停产”（这是武陟一家油茶厂的留守员工的原话）。

方便装油茶为什么还会有淡旺季之分？武陟油茶为什么只能用工业形式的标准化才能留存？在已经失去了现做现喝、原生态油茶的加工方式后，一个非物质文化遗产或者非物质文化遗产传承人的称号代表的又是什么？这样的称号又能支撑武陟油茶在快速交替、日新月异的市场中走多久？

我很想就这几个问题抓住几个线人狠狠地刨根问底一下，但令我更加郁闷的是：人，见不着；好容易找着个工作人员，爱答不理的倒也算了，关键是一问三不知。

如果我是影像记录者，我可以利用现场画面表达我的不解，但我是文

武陟油茶

字记者，所以，我只能先平定情绪，用反复思量、斟酌再三的文字来表达我的担忧：在武陟人貌似“云也淡、风也轻”的超然世外的态度下，武陟油茶未来是不是只能成为这个地区永久的回忆？有关武陟油茶的记忆是不是只能在某饮食文化博物馆里搜寻到？

博爱的惊喜

无奈之下，我才转道博爱，但没想到惊喜恰恰是在博爱。

我对博爱最初的接触是有障碍的，因为博爱人接近山西话的口音严重影响了我的听力。我表示严重听不懂，交流起来严重不方便，这种沟通的不便捷严重影响我的判断力甚至我的智商。还好，有《焦作餐饮文化》的编委陈东明等人的陪同，他们暂时充任了翻译一职，才缓解了我最初采访的不爽。

接下来的发现是我没想到的，漂亮并且很有范儿的三八席，坞庄那形似《地道战》里的地道的小胡同和那道炒鸡绒，以及许良扯面、清化杂拌等都令我惊艳。

事实上，博爱的饮食形式之所以较其他地方更为丰富，主要得益于当地曾经的经济环境。

博爱曾属怀庆府。明清时期怀商兴盛，怀庆府一带怀商达到数百家，规模较大、较为著名的怀商多集中在清化镇（今博爱县），比较有代表性的如杜盛兴、协盛全、王泰顺、来盛公、西复兴、公义兴、齐合盛、方盛长等。正如学者程峰所言："清化是怀庆府的商业重镇。"至今，博爱县内还能寻到明清时期留存的街道、建筑，依稀可见当年之繁华。

清化镇还是晋商通达中南的交通要道，怀商与晋商的融合，加快了两

清化不翻　　浆面条

许良老田扯面　　靳贤书烧饼

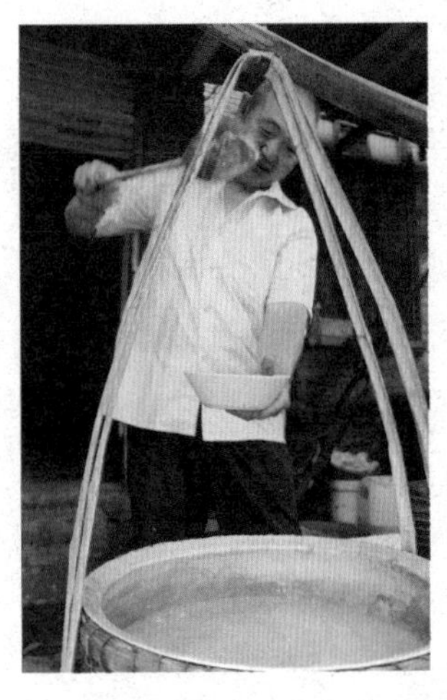

左图：博爱县城老清化街上老胡家的古法滚凉粉，这种纯手工、纯天然的制作工艺如今已经越来越少了。

右图：博爱县麻庄的老沈正在用传统工艺制作红薯粉皮。

地餐饮文化的融合。与其他县相比，博爱县的餐饮文化更能够代表焦作特色。

而博爱的历史、文化更是再次让我感受到身为中国人的奢侈：无论身处何地，你头上顶的、脚下踩的、嘴里吃的，一不留神儿，就是从上千年、上百年历史堆儿里胜出的产物。在中国广袤的土地上，来自不同地区的人群真是不能随便比历史，因为只有更久，没有最久。

无论三八席，还是炒鸡绒，博爱的饮食特点既有移民气质，也有中原饮食文化的“和”精神。

比如，那道清化杂拌为什么会成为博爱水席的代表菜肴？这么多的食材如果是出现在麻辣火锅中，是不需要烹饪技术的，但这么多的食材如果缺失了麻和辣等刺激性调料，想要出好味道，就比较难了。在这道菜品中，能否利用汤的本味，利用各类食材的特性相互补益，利用火候的不同，制作出软硬不同的食物，才是考量一个厨师真正实力的标准。

东西咸淡，兼容并蓄，是为“和”。

更让我吃惊的还有博爱人对自己本土饮食的热爱。当然，开封人也热爱自己的本土饮食，可更多的开封人呈现出来的热爱类似怀旧。而博爱人的热爱却是付之于行动中的，比如把三八席作为兴趣研究，甚至把博爱姓氏文化都作为水席研究一部分的那些来自各行各业的民间人士，比如那些热心地贴上洛阳水席高仿版出处的博爱网友，他们的热爱是带有发条性质的积极主动的向上行为，每天主动一点点，日积月累，就会前进一大步。

因为热爱，所以坚持。这才是真正的热爱。

跟“八”字有关的博爱三八席

博爱水席来自民间，是博爱、沁阳一带特有的传统宴席。当地人的红白喜事等，一般都以水席待客。直到今天，博爱县城、周边乡镇及沁阳一带随处可见专做水席的饭店和水席园。

但水席是一种比较书面的叫法，博爱本地人至今仍习惯把水席叫“三八席”。不过，别误会，博爱三八席无关三八妇女节，是跟按顺序上席的八凉、八小碗、八大碗的数字都是“八”有关，因此叫“三八席”。

曹静，是吃着三八席长大的、土生土长的博爱人。因为热爱本土饮食文化，如今，在曹静经营的博爱沁园春大酒店里，博爱三八席被列为主打宴席。

传统的博爱三八席的上菜顺序是先上八盘凉菜，而后上八小碗热菜，最后上八大碗热菜。整场宴席二十四道菜，除八个冷盘外，其他八小碗、八大碗，道道带汤水。对凉菜、热菜的品种、上菜顺序和装盘器皿尺寸都有一套固定的规程。

八个凉菜一般用七寸青花瓷平盘装菜，一次上齐。

肉片莲汤

八个凉菜是按四荤四素搭配的，菜品可以根据季节、档次调整。但按照习俗，无论怎样改菜单，有两样菜是必须保留的。

一个是猪头贡肉。猪头贡肉看似普通，但制作非常讲究。要用猪头肉、猪尾、猪蹄氽水后，加入花椒、大料、葱、姜一起煮。开锅后，小火长时间熬制，使胶原蛋白充分溶入汤中，冷却压制后改刀装盘。

另一个是博爱灌肠。博爱灌肠跟河南其他地方的灌肠不一样，是用猪大肠装入五花肉、木耳、花生、淀粉、鸡蛋等配料煮制而成的，吃起来更有嚼头，口感也更丰富。

其他凉菜还有花生米、莲菜、芹菜、石花菜、白菜、紫红萝卜、荸荠、银条、卤肉、烧鸡、皮冻、小车牛肉等（从中任选）。

八小碗用的是小号青花瓷海碗，依次上桌。

按照传统上菜顺序，第一道上的是由海参、鱿鱼、虾仁制作的三鲜汤。

第二道是用猪肉片配上莲菜、玉兰片等烹制的一道重头菜：肉片莲汤。

接下来是烩鸡绒，就是炒鸡绒（或者清炖鸡块），然后是牛肉汤（或者牛杂汤），之后是飘着点点芝麻香、配着红薯丝丝甜糯的芝麻红薯汤（或者山药汤）和红枣莲子银耳汤。第七碗是酸酸辣辣、回味无穷的肚丝汤。八小碗中最后一碗是爽滑鲜嫩的烩白丸，寓意八小碗已上完，水席的大菜正式登场，开始上八大碗啦。

八大碗上菜改用大号青花瓷海碗，盛装出席。

按程序第一个大碗是荟萃了腐竹、炸豆腐、鱿鱼、木耳、肉皮、酥肉等多种食材的博爱烩杂拌（清化杂拌），这也是水席必上的特色菜肴，通常此时还会上一盘小点心。

第二道就是由上好的五花肉和腐乳蒸制的香浓软烂、肥而不腻的健腐肉，或者是博爱传统名菜里酥肉，也就是黄焖肉（现今水席上很少吃到这道菜了）。

里酥肉是用大块五花肉，皮朝下把鸡蛋黄（鸡蛋清用于制作白丸）倒在肉上，用刀剁，再放些淀粉，把肉和蛋黄、淀粉全部混合在一起，再改刀成块，下入油锅内炸成金黄色。然后放入汤中煮熟，改刀装碗调味，上笼蒸透，这道美味方可上桌食用。这道菜做起来需要一斩、二炸、三煮、四蒸多道工序，费工、费时，但更能检验厨师的技术。

接下来就是寓意吉庆有余的糖醋鱼（白事时以其他菜品代替），和绵软细腻、入口即化的豆腐汤（或者木须汤、熘肝汤）。

然后是满（蛮）饭，也就是糯米甜饭。这是水席中必上的一道甜品，是用江米配上蜜枣、红枣、葡萄干、莲子、果脯、青红丝、白糖蒸的类似于八宝饭的甜饭。

第六碗是色泽红亮、酸甜可口的山楂汤。第七大碗是黄焖排骨。最后一碗是鸡蛋汤。

把切碎的小酥肉、腐竹、西红柿、海米、青菜等配料下入锅中，把鸡蛋液打进去，勾芡调味，就成了鸡蛋汤。此汤精妙之处在于要用足够量的香醋或老陈醋，加入汤中，立即离火。

按当地的习惯，大凡坐席者，吃了一肚子的鸡鸭鱼肉，已酒足饭饱，需要用酸酸的鸡蛋汤清一清满口的荤腥油腻，当然，还有一个用意：鸡蛋汤一上，宣告宴席已经结束，喝过鸡蛋汤就可离席了。

三八席特质：温润如玉、穷菜富汤

同样是水席，洛阳水席以酸辣为主，而博爱三八席却以温润见长。

肉片莲汤是八小碗的第二碗，有猪肉片、莲菜和玉兰片。汤是用牛骨、猪脊骨以及鸡架熬制的高汤，且熬汤的时候只用了生姜，因此，汤的味道鲜美中还透着一股子清新；莲菜、玉兰片在高汤的煨制下，口感更显柔滑、鲜脆。

博爱烩杂拌是八大碗中的第一碗，有腐竹、炸豆腐、鱿鱼、木耳、肉皮、酥肉等多种食材。在汤的浸润下，那肉皮是弹润的；那腐竹滑而鲜，入口即化；鱿鱼则在高汤相伴下，滑嫩之中又添了一丝娇柔；那汤则在各种食材的层层围攻下，散发出了渐进和丰富的口感，妖娆至极。

从八盘凉菜，到八小碗热菜，再到八大碗热菜，博爱三八席中的二十四道菜，道道菜品的特点都是不麻不辣不刺激，平和中透着温良的气度，温润中有种低调的自信。

除八个冷盘外，博爱三八席中的八小碗、八大碗，道道带汤水。

对于博爱这种以汤水为主的菜，有些外地人认为是“抠门”的表现，但在博爱人的心中，汤却是菜品制胜的关键。甚至为了表达汤的重要性，博爱人还总结了这样一句话：“水席不水，高汤为主，穷菜富汤。”

什么是“穷菜富汤”？一位博爱三八席师傅这样解释：“穷菜富汤”的意思就是尽量让汤汁多一些，其他菜类相对少一些。老博爱人有个习惯，吃三八席时，汤喝好了，喝舒坦了，才说“席吃好了”。

豆腐汤

三鲜汤

杂拌汤

酸辣肚丝汤

为什么会出现“穷菜富汤”的饮食习惯？长期从事三八席研究的博爱县委宣传部副部长、文广新局局长张海生分析，大概有三个原因。

第一，跟当时的经济水平有关。在经济水平整体不发达的年代，以汤为主的菜品，既招待了客人，又把客人灌了个水饱——这也是无奈之举。

第二，跟博爱当地的地理环境、风俗礼仪、生活习惯有关。自古以来，博爱人就喜欢热乎乎的汤食，常把主副食放在一起煮成稠汤，菜和主食一起吃，吃菜也多以烩菜为主，如浆面条、土信面、糊涂面条、杂拌、杂碎汤、丸子汤等。久而久之，就形成了博爱三八席的饮食风格。

第三，从养生方面来说，水席以流质为主，利于人体的吸收。

三八席特质：荤素搭配、以炖为主

同是水席，“素食荤做”是洛阳水席最大的特色之一，牡丹燕菜、松鱼、脯肉、焦炸丸子等都是典型的代表。但博爱三八席的菜品讲究的却是荤素搭配。

为什么会出现这样的反差呢？跟它们各自的出身有关。

与有“官场儿”、“官席”之称的洛阳水席不同，生于坊间、长于坊间的博爱三八席由于百姓对荤食的渴望，以及是在婚丧嫁娶时举办的露天宴席的缘故，所以追求食材的荤素搭配。

而且，跟洛阳水席以蒸、煮、炖、熬、氽为主的制作工艺不同，博爱三八席则以炖为主。

博爱三八席的高汤是以牛骨、猪脊骨以及鸡架熬制的，根据菜品不同，熬汤时间也不同。比如，熘肝汤需要用浓汤，用的就是熬制四个小时左右的高汤；烩白丸需要用的是清汤，那么就需要在熬制浓汤的基础上用小火再煲三个小时。

汤是中国传统烹饪调味的根本。在中国经济还不发达，各类化学调味品还没有普及时，几乎所有正规饭店都是靠汤来提鲜调味的。清晨开门前，一大锅浓香四溢的调味汤就已经熬制好，汤用完就挂牌歇业的传统曾经在中国存在了至少 2000 多年。但随着工业革命的全球化，随着中国经济的快速发展，很多健康的老传统也渐渐丢失。比如对汤的运用，虽然如今各大饭店、业内人士都在呼吁和强调，可收效甚微。而且事情的发展往往是：越是呼吁和强调，越是证明对某种事物的维护已经达到了严重缺失的地步。

博爱人对汤品的讲究说白了就是在践行中国人丢失已久的制汤理念。不用刺激性的调料，利用各类食材的特性互补，利用火候的不同，熬制出不同的汤品，制作出软硬不同的食物，在五味杂陈中，尽调和之能事，达到平衡和谐的状态，这不仅是中国人生活智慧的总结，更是中国烹饪哲学中“和”的体现。

扒一扒三八席的前世今生

博爱三八席从什么时候开始兴起的？产生于什么背景下？由于没有任何文字资料的记载和整理，至今都是一个谜。

一、跟武则天有关？

自从跨入信息时代，就涌现了热心于各类事物的各类网友。他们的基本特质就是对自己关心的事情必定死磕到底，无论有无必要，无论是对是错。于是，博爱水席就出现了跟洛阳水席背景如出一辙的高仿版。

这个高仿版说的是当时已年过七旬的武则天到怀庆府清化镇地界考察民情（武则天走的这个路线我从各历史文献里愣是没找到），当地官员用民间水席招待女皇。吃腻了山珍海味的武则天，品尝了热乎乎、好消化、荤素搭配、清爽利口的博爱水席后，大加赞赏，便下旨将博爱水席引入宫廷，后又从宫廷传回民间，一直流传至今。

从民间传到宫廷，又从宫廷传回民间，这一圈儿转的，真够费劲的。再加上这一圈的轮回经历跟历史信息不太对称，因此无论坊间还是学界，都觉得有点扯，相当不靠谱。所以，列位如果再看到网上诸如此类的荒诞话，建议关闭该网页。

二、源自洛阳神都？

从父辈起就以做三八席为生的赵牛，是博爱县城最有名的三八席师傅之一。他认为，博爱三八席极有可能是从武则天定都洛阳，洛阳水席一时名满天下后，渐渐流传到博爱的。

比如，博爱三八席全席共二十四道菜品，分别是八个冷盘、八小碗热菜和八大碗热菜。而洛阳水席全席也是二十四道菜，只是这二十四道菜分解得更加详细、精致，分为前八品、四镇桌、八中件、四扫尾，是作为当时的宫廷大宴分制的，只有皇亲国戚、文武百官、外来使节才有资格品尝享用，后来才逐渐流传到民间的。当然，流传到博爱后，博爱人又根据当地人的口味、习惯做了一系列调整。

洛阳水席的最后一道菜跟博爱水席一样，也是鸡蛋汤。但最早，洛阳水席的最后一道菜是丸子（今天的菜名叫“碧波伞丸”），也就是博爱三八席中八小碗的最后一碗：烩白丸。前面提到，因为“丸子”的“丸”与“完了”的“完”是谐音，不吉利，于是，洛阳水席便在这二十四道菜之后又加了一碗酸爽利口的蛋衣汤（就是鸡蛋汤）。

博爱丸子

如此看来，博爱三八席在继承和发展洛阳水席的同时，无意中把洛阳水席的发展、变迁过程也留在了博爱三八席中。

按照这个推论，博爱三八席的年代至少可以估算到唐以后，也就是说，博爱三八席至今已有1000多年历史了。

三、跟水事有关？个人认为很靠谱

张海生经过多年的研究、考证认为，博爱三八席的出现很有可能跟当地的水事活动有关。

水事是古代人祈水、祈福，跟龙王爷有关的民间祭祀活动。长时间干旱缺水，或者发生洪涝灾害，在没有其他更好办法的情况下，举办一场盛大的祭祀活动，跟龙王爷说点儿好话，给龙王爷供一些祭品，祈求龙王爷能够开恩降雨或者不再下雨了，是古代人能想到的最好的心理慰藉方式。

古代人对祭祀特别敬畏，通常在举行这样盛大而隆重的祭祀活动时，除了做法事的大仙儿和敲锣打鼓的仪仗队外，舞狮子、滑旱船、小鬼摔跤等各类娱乐项目和娱乐队伍是一个都不能少的。

好了，这就遇到一个问题了：祭祀活动结束后，管饭不？答案是肯定管饭。虽然饭钱由谁来掏我没搞明白，但有一点，我是非常认同的：那时候的朝廷不是无神论者，所以对祭祀鬼神的事情和老百姓一样，是相当敬畏和支持的。即便财政一时紧张，没钱拨款，估计也会找几家赞助商，然后给个“某某商家承办”之类的安慰话。

那什么样的席面既看起来场面大，又能让人吃饱呢？于是，当地老百姓充分发挥聪明才智，把平时自家村上婚丧嫁娶、姑娘回门、女婿上门的各类席面综合在一起，便成了水事的专供宴席。久而久之，这种跟水事有关的宴席，逐步发展成为后来博爱的一种饮食习俗——三八席。

既然跟水事有关，那么博爱三八席算起来至少也有千年历史了。

四、山西居民大迁徙？个人认为较为靠谱

王军，沁园春大酒店董事长，研究博爱饮食文化多年。他认为博爱三八席的出身跟明朝洪武、永乐年间的人口大迁徙有关。

明洪武年间，怀庆地区兵乱蝗疫频繁，百姓非亡即逃，土地荒芜，人烟稀少。朱元璋为维护明王朝的封建统治，决定实施移民屯田的战略决策，经山西洪洞县移民于怀（即怀庆府）等地。

朱元璋死后，建文帝继位，为巩固中央集权，采取了“削藩”措施。燕王朱棣以入京诛奸为名，从北京直取南京，途经河北、河南等地，受到政府军阻击，反复拉锯作战达四年之久，中原地区百姓逃亡较多。朱棣继位后两次从山西和河北大明府移民于怀。至今，博爱大部分人不仅祖籍在山西，就连口音也跟山西省阳泉市平定县的口音比较接近。

平定县的传统宴席就是三八席，因三八二十四道菜而得名。三八席是平定婚俗中谢婚的席面，是娘家的重头戏。整个席面用八命名，象征成双成对、喜事逢双；以四为基数，取“事事如意，四平八稳”之意。有四肉、四菜，八碟压桌，然后是八个大碗，八个小碗。

平定三八席讲究汤汤水水中的制汤，讲究荤素搭配，食材绝不用下水之类，菜名绝不用“炒”字（与“吵”同音）。上菜讲究“带”，一大碗带两小碗，小碗后跟一道点心，叫“带子上朝”。压桌凉菜卤鸡打头，寓意大吉大利、吉祥如意；莲菜收尾，寓意好事连连；拔丝苹果，代表幸福平安的日子长又长；珍珠丸，寓意荣华富贵一生一世。

2011 年，平定三八席制作技艺被收入第三批山西省级非物质文化遗产保护项目名录。

基于博爱与平定两地的口音、三八席的席面特点，王军认为，今天的博爱三八席很有可能就是在明初的山西百姓大迁徙中被带到博爱的，并在

2015年7月6日，博爱当地一户农家摆了100多桌的三八喜宴，1000多亲朋好友共赴喜宴，场面堪称壮观。

喜宴的头天晚上，就要支锅卤肉。而柴火做饭，是迄今博爱县各家摆酒席依旧要遵循的做饭“规矩”。

博爱历经数百年的积累、传承、变迁和完善，形成了自己的风格。

其实，无论博爱三八席到底源于哪个朝代，有什么样的历史背景，都不重要，重要的是博爱三八席养育了博爱人民，是这块土地的骄傲。而博爱三八席传递出的食材要荤素搭配的养生理念，以汤为本味的制汤理念，烹饪时火候的把控，五味调和、质味适中的“和”概念，都是中华民族赖以生存的生活智慧，是中华民族的瑰宝，这些瑰宝的传承、延续是需要更多的人参与到守护的队伍中来才能实现的。

兰州牛肉拉面

2014年9月19日，“兰州牛肉拉面源自河南”系列报道被境内外多家媒体转载，并在国内各门户网站以及网易、搜狐、腾讯等手机客户端亮相后，引发众多网民阅读、争论。其中，仅网易手机客户端19日当天的评论跟帖就达到3万多条，甚至，引起了不同地域之间网民的口水战。

一篇原本只是追根溯源的报道却引发这么大的影响、争论，有点出乎我的意料，也有点脱离这篇报道的初衷了。因为这篇报道的初衷只是为了见证、讲述一段渐渐被我们忘却的历史，而非夜郎自大式地对比哪个地域的饮食更先进、更优秀。

一碗牛肉面的前世今生

兰州牛肉拉面源自博爱小吃

去了一趟河南省焦作市博爱县，却意外得到一条爆炸性信息：被誉为“中华第一面”的兰州牛肉拉面居然跟博爱名吃——小车牛肉有关。

根据博爱的坊间说法，清嘉庆年间，甘肃东乡族人马六七从河南省怀庆府河内县苏寨村（今河南博爱县境内）陈维精那儿学到了小车牛肉老汤面制作工艺后将其带入兰州，后经回族厨人马保子等人数度创新改良，最终以“一清、二白、三绿、四红、五黄”统一了兰州牛肉拉面的标准，并以肉烂汤鲜、面质精细而名声在外，打入全国各地市场，赢得了国内乃至全世界食客的好评，被誉为“中华第一面”。准确点说，兰州牛肉拉面用的老汤源自卤制小车牛肉时用的汤。

吃货们肯定要问：小车牛肉是什么东西？马六七是怎么从陈维精那儿学到小车牛肉老汤面制作工艺的？

小车牛肉

那么，先来解读一下什么叫小车牛肉吧。

自家卤好牛肉后，推着小车沿街叫卖，这就是博爱小车牛肉名字最初的由来。

但小车牛肉绝不是普通的卤牛肉，而是将花椒、生姜、香叶等香料随牛肉放入锅中，小火熬煮，使胶原蛋白充分溶入汤中，冷却压制后，码成一垛，吃时用刀削成薄薄的片。这种类似于开封垛子牛羊肉的卤品，由于牛肉已经与汤汁裹杂在一起，所以吃起来入口即化，且柔绵中有弹劲，弹韧中又有无尽的柔美。

如果把肉类的卤制品按口感分类归档，划分出男女之别的话，我愿意把卤牛肉、卤羊肉及猪头肉归为男人、汉子，粗犷、健硕；而垛子牛羊肉之类的我更愿意想象为女人，柔情似水、千娇百媚。

不过，以上说的只是肉。汤呢？卤牛肉的汤，放凉后已经成了肉冻的胶状物，也就是老汤，是小车牛肉里最入味儿的，鲜美无比。而古人是很讲究用汤的，汤是调料，自然不能把剩下的汤随便丢弃，除了留一部分当作下次卤肉的老汤用，还有一部分汤下面条、当调料用都是宝，这种汤的做法后来辗转到了兰州，就成了兰州牛肉拉面用的老汤。

当然，兰州牛肉面源自博爱县的小车牛肉这种坊间说法大可质疑。

质疑的第一个理由是拉面的制作历史。根据“考古”发掘，在距离兰州100多公里的青海民和县发现了有4000年历史的拉面化石，说明距今4000年前的先民就已经有了面食加工技术，甚至可据此认为牛肉面的形态多半是本土传承下来的。

质疑的第二个理由是原料。兰州周边自汉代以来就是物产丰饶的半农半牧区，牧业的地位和农业平分秋色，大量的牛羊养殖和与此有关的食用习惯延续成为传统。

这样的质疑理由，初看起来确实有一定的道理：兰州周边盛产牛羊，民众又喜爱面食，斯土斯民发展出牛肉面这等美食似乎是天经地义的事了。但是，世事莫测，有其因未必有其果，盛产牛羊和喜爱面食只能算是催生牛肉面的必要条件，只是为兰州牛肉面提供了物质保证和需求保证，但能不能最终演化成现在的牛肉面形式，还需一定的“缘”来“点化”。如果没有一定的因缘际会，会不会整出碗牛肉盖浇面来也未可知。

何况，那条4000年前的拉面化石“考古信息”至今并未得到任何权威认证，而且，从目前的考证来看，今日之拉面雏形、技法最早出现于南北朝，而擀、搓、切、抻、捏、卷、模压、刀削等多种形式，以及更为复杂的面条技法多形成、完善于唐代之后，也就是说，拉面的历史至今还不到2000年。

综上所述，我认为“兰州牛肉面源自博爱小吃”这个不同地域饮食大融合的概念可能是有点靠谱的。马六七可能由于战乱什么的凑巧来了一次怀庆府，也很有可能压根就没到过怀庆府，而是怀庆府的陈维精不知何时、未知何地、因缘际会中把自家的汤面技法通过马六七辗转传到了甘肃，并把这个制汤理念留在了当地（这个“因缘”密码，直到后来陈维精第六代孙的出现才得以破译）。

兰州牛肉拉面用的汤来源于博爱小车牛肉的老汤的说法确实突破了大多数河南人乃至大部分中国人现有的认知，兰州人对这种说法认可吗？

为了稳妥起见，我委托兰州大学一位河南籍学子在兰州市内实地考察，看看能不能找到确切的证据。最终，在榆中县夏官营镇兰州大学新校区佳玺牛肉面馆内，发现了店内贴出的牛肉面自宣海报。在这张海报中，兰州人是这样描述牛肉面“出身”的：

“兰州的牛肉面始于清嘉庆年间，系东乡族马六七从河南省怀庆府河内县清化镇（今河南博爱县境内）陈维精处学成带入兰州的。后来，经陈氏后人陈和声、回族厨人马保子等人的创新、改良，以‘一清（汤）、二白（萝卜）、三绿（香菜、蒜苗）、四红（辣椒）、五黄（面条黄亮）’统一了兰州牛肉面的标准。”

这位学子把店内牛肉面的自宣海报拍了照发给我，感慨不已：“原来兰州人自己早就承认牛肉面源自河南了，而我们好多河南本土人却还是第一次听说兰州牛肉面跟河南饮食的渊源，真是惭愧。”

2014 年 4 月 25 日，《河南商报》“兰州牛肉拉面源自博爱小吃”刊出后，在读者中引起强烈反响。赞同者感慨，河南饮食确实博大精深；质疑者则认为，一家之言而已，说不定还会引起河南与甘肃两地的口水战。但相较于河南本省的质疑态度，距离郑州 1000 多公里的兰州人看到此篇报道后，却表现得相当淡定。兰州知名牛肉拉面品牌“米家牛肉拉面”老板米海在朋友圈中公开回复：“兰州牛肉面就是从你们河南学的，但传到兰州后，被我们兰州人改良了。”

2014年9月19日，“兰州牛肉拉面源自河南”系列报道在国内各门户网站以及网易、搜狐、腾讯等手机客户端亮相后，再次引发全国范围内的网民阅读、争论。其中，仅网易手机客户端19日当天的评论跟帖就达到3万多条。

由于“兰州牛肉拉面源自河南”系列报道在网上的转载率、坊间的传播率极高，最终，牵动了200多年前的“当事人”陈维精后人的关注。

兰州牛肉拉面创始人、清嘉庆年间国子监太学生陈维精的第六代孙、年过六旬的陈九如，在兰州看到系列报道后，主动连线到我：“博爱的小车牛肉老汤面传到兰州，并成为兰州牛肉拉面的鼻祖后，这碗汤面的配方便成了我们口耳相传的传家宝，至今已有200多年的历史了。没想到你们会找寻到这段历史，并在国内引起这么大的轰动；没想到从清嘉庆年间到今天，河南与甘肃的相逢还是源于一碗牛肉面。”

相逢：源于一碗牛肉面

2014年9月，处于风口浪尖的陈九如携带家传200多年的牛肉汤面秘方，从兰州回到阔别近二十载的祖籍——焦作市博爱县月山镇苏寨村，并参加了当地召开的“兰州拉面历史渊源与博爱饮食文化传承座谈会”。

陈九如介绍，根据陈家长辈回忆以及《陈氏家谱》显示，陈维精是清嘉庆年间的国子监太学生。清朝国子监是国家管理教育的最高行政机关和国家设立的最高学府，坐落在北京东城区安定门内国子监街（原名成贤街）。

陈维精在国子监读太学时享受膏火费和伙食费等待遇，生活算是较为富裕的。当时他遇到了来自甘肃、家境贫寒的补班学友马六七（补班的学生不享受朝廷发放的伙食费和膏火费补助）。马六七主要靠借贷读书，生活比较清苦。陈维精曾引用唐韩愈的四句话来形容马六七的生活：“太学

苏寨陈家牛肉面

本书作者采访兰州牛肉面创始人第六代孙陈九如（左）。

四年，朝齑暮盐。惟我保汝，人皆汝嫌。”（齑：腌菜。早餐用腌菜下饭，晚饭蘸盐进餐）为此，陈维精经常在衣食上给予马六七帮助。

陈维精自幼喜欢研究中医中药，特别是药材调味之功效，成年后，更是躬亲操练。研究食材烹调是陈维精不为外人道之情趣，他曾借白居易的《琵琶行》对自己研制的配方调侃：“切切斩斩肉一盆，肉碎鲜汤落玉盘。”陈维精对明代才子刘基颇有研究，他经常对儿孙们赞许刘基的《菜窝说》是“神笔之作”，“百读不厌”。他不仅崇尚刘基的饮食哲学，更崇尚刘基的为人处世之道，并时时以刘基为榜样勉励自己。

同在北京上学，语言、饮食等地域间的差异是肯定存在的，同学之间进行一些文化上的交流也是自然而然的事。甘肃人马六七很可能就是这个时期得到陈氏家传秘方并带到兰州的。

有意思的是，兰州牛肉面中“一清二白”的白萝卜和博爱县苏寨特产白萝卜似乎有扯不断的关联。一方水土养一方人，一个地方的特色吃食配料中一般都离不了当地的特产。至今在博爱还有句谚语“苏寨的萝卜上庄的姜”，其中就提到苏寨的特产：白萝卜。白萝卜虽是普通食材，但跟其他地方的萝卜不一样的是，苏寨当地的青皮白萝卜是上面细下面粗，根系发达，这样的萝卜品质最好且不容易拔出来，故有“贼不偷”之称。由于苏寨萝卜营养价值很高，当地人把苏寨萝卜称为“大人参”，有“萝卜进城，医家关门”之谚语。当地人熬汤做面，也都少不了这种白萝卜。可以想见，陈维精研究食材烹调时，必然不少用萝卜来当配料。而陈维精对萝卜的钟爱，又不经意间通过马六七在兰州牛肉面里留下了痕迹。

值得一提的是，虽然陈维精祖辈皆是以厨师这个职业谋生，但陈氏家族从陈维精开始，便不再继承祖业开饭馆了。

旧时代的厨师，一般被称为“厨子”，大多出身贫寒，社会地位较低。陈维精的爷爷、父亲在长期的摸爬滚打中，遍尝人间冷暖，因此节衣缩食，供后代读书。到了陈维精这代，总算圆了祖辈的读书梦，陈维精及其子陈位林后来都成为国子监的太学生。

受家族“诗书传家”影响，后来，陈九如的太爷陈谐声曾借高利贷供长子陈全天（陈九如爷爷）读书。“我爷学成后历任国民政府江西萍乡、河南周口等地税局局长。二爷陈全伦及我父亲（兰州大学）、我大伯（河南大学）上学的学费都是我爷工作后出的。”陈九如说。

虽然从陈维精起，陈氏家族不再开饭馆，世代皆为读书人。但按照家训，陈氏子孙必须从小熟记祖传汤面及其他几种家传美食配方，因此，陈家的后代，几乎个个都是身怀卤牛肉和汤面绝技的“武林高手”。

陈九如介绍，他的父亲是1949年后的第一任甘肃省卫生防疫站站长，在甘肃医疗卫生界是出了名的美食家。“牛肉拉面和水爆牛肚仁是我们家的看家小吃。我奶奶的扯面，堪称牛肉面至尊。我奶奶的娘家在扯面之乡博爱县许良镇，她做的扯面筋道爽滑，跟卤牛肉是绝配。”

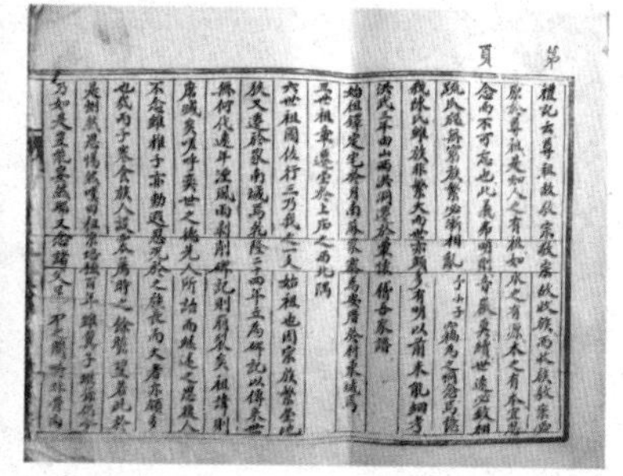

《陈氏家谱》记载清嘉庆二十二年村南老茔碑刻云：“窃为之恫念焉，忆我陈氏，虽族非繁大而世亦颇多，有明以前未能细考，洪武三年由山西洪洞迁于覃怀。稽吾家谱，始祖铎定宅于月南苏家寨焉，安厝于村东域焉。”

苏寨村村西口存留的玉皇庙山门戏楼等建于明万历四十六年的几座古建筑。其中，尚存明、清、民国初期碑刻六通。据留存的碑文所记，陈家六世祖、陈维精祖父陈可大的太曾祖父陈国佐、陈大生（陈家七世祖、陈国佐之子、陈维精高曾祖父）及陈谐声等人均为乡人捐资修缮过庙宇、戏楼等。

配方：只有中国文人想得到的传承方式

“清汤牛肉面是最平民化、大众化的小吃，制作成本低，1斤肉能做16碗面。老汤牛肉拉面是河南的叫法，兰州叫‘马家大爷浑汤牛肉面’。做法很讲究，但它的配方跟清汤牛肉面的配方一模一样，都是来自于博爱陈维精。”陈九如说。

前面说过，陈氏家族的配方是代代相传的，但怎么把家传秘方以一种更便于阅读、理解的方式记录下来，既不能直白外露，又不能晦涩难懂，还要能引起后世子孙的重视，是很多家族最头疼的事。陈维精则用了一种特殊的方式完美解决了这个问题。

陈维精晚年时，他的儿子陈位林曾携子到甘肃拜访友人。临行前，陈维精写给儿子和孙子一封家书，名曰《维精送儿子和孙子西行手记》，再三叮嘱要世代保存。

《维精送子位林孙和声西行手记》：众鸟高飞尽，**桂子**独去远。**豆蔻**年华和，身强余**百倍**。春风草**木香**，**当归**怀庆府。新绿欲涌，**丁香**初开，花香叶茂，**荜茇**涟漪，百里林**草果**然繁盛**芳香**。路远难行，高山柰何？汝等避**草寇**而返苏寨。**车前**着吉服马褂**红袍**，夜宿**八角**楼，晨饮**胡荽**汤。马**良姜**行千里，遍**地黄**花时至，司碧玉书联水席相敬，**月山姜**汤**茴香**豆，烹**肉扣**碗**贵老**忙，横**披垒**灶。

在这封家书里，陈维精将小车老汤牛肉面的23种调料全部嵌了进去。其中，百倍是怀牛膝，芳香是白芷，红袍是花椒，贵老是陈皮，披垒则是胡椒。

后来，陈位林也参照老父的方法，把卤牛肉的配方嵌进了一首诗里：**豆蔻**枝头翘，翠竹苏寨绕。**八角大红袍**，盎然**丁香**笑。**春砂**映阶绿，**芳香**溪流跳。**桂香**八月里，骑驴叹**国老**。

与现在博爱县街头售卖的“白卤”小车牛肉不同的是，陈家祖辈传下

陈家私房肘子

来的是“红卤”配方，也就是酱香型卤牛肉。这种酱肉风格是：深棕颜色，肥而不腻，瘦而不柴，肉干爽结实，指压无痕，入口鲜美，清香生津，酱香浓郁。

在诗词曲赋中，嵌进自己的相思之苦，或嵌进春秋笔法，抨击时政，是中国文人最擅长的一种行文方式。金庸笔下的武林高手，就常把武功绝学嵌进诗词曲赋中。

当年，陈氏父子用这种只有中国文人才能想到的传承方式保存自家的制汤、卤肉秘方时，绝对没有想到，多年后，他们的秘方会成为一个民族的骄傲。

家传秘方如今公布，不怕被复制和超越？陈九如说，没有破译密码，就永远不可能被复制。

陈九如解释，虽然汤面、卤牛肉的各种作料被公布，但如果没有掌握各作料的配量、卤制时间、火候，掌握秘方也是徒劳。秘方可以被简单复制、模仿，但味道是永远不能够被复制的。

而一个人对于家乡的眷恋，对于往事的回忆，往往都会把这个永远不能复制的味道作为一个最主要的情感宣泄渠道。

陈九如的二爷陈全伦，黄埔军校毕业后一直在军队供职，1949 年随国民党军队撤退到台湾。1989 年，离开故乡四十载的陈全伦，终于踏上了返乡的路，回到了魂牵梦萦的故土。返回台湾时，他包里放的最多的就是陈九如做的牛肉干和卤牛肉。从此，每年给远在台湾的二爷做牛肉干、卤牛肉就成了陈九如的一个习惯，这个习惯一直保持到 1997 年二爷去世。

陈九如说，牛肉面的系列报道也触动了他的心弦：陈家的这份秘方不仅是陈氏家族的智慧总结，更是一个民族的文化遗产，所以，他有责任、有义务把这份遗产发扬光大。此次回祖籍，他会手把手地把秘方教给陈氏族人以及更多愿意学习陈氏绝技的家乡人。他说："饮食是中国文化的一部分，但如今中国的很多文化、历史已经被我们丢弃了，如果再不梳理和传播，也许有一天，我们真的会成为没根的孩子。"

一碗面，成就了一份旷世奇缘

雨过金城关，白马激霤回。几度黄河水，临流此路穷。

拉面千丝香，惟独马家爷。美味难再期，回首故乡远。

日出念真经，暮落白塔空。焚香自叹息，只盼牛肉面。

入山非五泉，养心须净空。山静涛声急，冥思入仙境。

这首诗相传是清代甘肃籍学者张澍写的，诗中所说"拉面千丝香，惟独马家爷"，指的就是兰州最具代表性的牛肉拉面——马家大爷牛肉面。

有意思的是，马家大爷牛肉面的第七代传人马中杰的职业并不是厨师，也没有借家传秘方开店，他是一位职业音乐人，做饭只是他的业余爱好。

闲暇时，随手做一碗牛肉面，便会香飘十里。所以，虽不开店，但马家手艺不仅没失传，反而因此更加神秘，名气更大。

据一些回忆文章介绍，20世纪八九十年代，甘肃省政府和兰州市政府有重要外宾来访时，便会邀请马中杰到指定地点做一碗面或专程到马中杰家中求一碗面吃。而新加坡、美国等华侨也曾至兰州专程拜访马中杰，出高价索要“马家大爷”的配方，但都被马中杰拒绝。

究竟是什么样的配方，可以把一碗牛肉面做得香飘十里，让大家趋之若鹜？

据马中杰生前介绍，祖辈流传下来的马家牛肉面秉承的是河南怀庆府清化苏寨陈家小车老汤牛肉面的做法。卤肉汤中，除了花椒、胡椒、草果、姜外，还有桂子、豆蔻、百倍、木香、当归、丁香、香叶、荜茇、车前等

兰州牛肉拉面

共计 23 种调料，其中月山姜和怀牛膝用的是怀药，跟博爱县陈氏家族传给后人的配方一模一样。

而严格按照小车牛肉卤出来的酱牛肉是什么样子呢？牛肉出锅时要让酱料贴在肉上，提拉起来不碎不散，肥而不腻，瘦而不柴，入口酥嫩。

制汤更是马家大爷牛肉面，也是陈氏家族汤面精髓：汤为百鲜之源，注重用汤，精于制汤，尤其讲究清汤的调制，清浊分明，取其清鲜。

这样的清汤，配上这样的肉，加上韧性十足的拉面，构成了马家大爷牛肉面的“九字经”：“汤清亮，肉酥香，面韧长。”

让人称奇的是，得到陈家小车老汤牛肉面真传的马中杰，后来竟成了牛肉面创始人陈家的女婿，陈维精第六代孙陈九如的姐夫。这种奇缘，更为兰州牛肉面的身世笼罩了一层神秘的色彩。

陈九如介绍，马中杰祖籍甘肃民勤，汉族，与当年从陈维精处学到小车牛肉老汤面制作工艺后将其带入兰州的甘肃东乡族马六七是没有任何血缘关系的。

马中杰也说不清楚，当年身在甘肃的马家是如何得到河南博爱陈氏家族的牛肉汤面秘方的，只知道祖辈都是经营牛肉面馆的，秘方是世代相传。

1862~1873 年，历史上发生了“同治回乱”，暴乱被平定后，马家不再开设面馆。跟陈家相似的是，马家同样希望后代可以识文断字，因此节衣缩食，供后代读书。至此，马家后代不再经商，改以诗书传家。

最牛的马家大爷兰州牛肉面，似乎跟牛肉拉面的传入者马六七没有交集；也没有任何证据可以表明“马家大爷”祖上跟牛肉拉面的创始者河南博爱县的陈氏家族有过什么交集。但马中杰祖辈传下的家族秘方上显示，马家牛肉面秉承的就是正宗的博爱县陈家小车老汤牛肉面的做法。若干年后，马家、陈家又被月老牵线，成了亲家。像梦，也像小说，但又不是梦，不是小说，是真实存在的故事。

这也许就是一碗面的缘分吧。

一碗面，不同地域文化碰撞融合交流的见证

其实，关于兰州牛肉面的身世，据传清乾隆年间著名的贪官王亶望曾写过一首诗："兰州拉面天下功，制法来自怀庆府。汤如甘露面似金，一条入口赛神仙。"

如今，兰州市在部分推广兰州牛肉拉面的宣传册中，抹去了前两句，变成了"汤如甘露面似金，一条入口赛神仙"。

虽然户口簿上的籍贯是河南博爱，但从父辈起就定居兰州，把自己定义为土生土长的兰州人的陈九如，对于兰州的感情是超出他很少回去的河南博爱的。但他认为，应该勇于承认河南博大精深的饮食文化和兰州牛肉拉面的历史渊源。兰州牛肉拉面确实是兰州的一张名片，淡化、否定兰州牛肉拉面源自河南博爱，从某种意义上说，就是在否定自己的文化传统，甚至会形成某些文化断层。"兰州牛肉面的历史其实就是中华民族不同地域、不同民族、不同文化、不同理念碰撞之后的大融合，是中华文明最值得骄傲的一部分。"

由于经济、政治、军事、自然、宗教等因素造成的人口迁徙交流是人类社会普遍存在的社会经济现象。中国移民运动的发展波澜壮阔，历史上无数次大规模的人口迁徙，对我国今天的人口分布有很大影响，并促进了我国各民族的融合及经济文化交流。而移民运动带来的最直接的改变，除了人口数量的变化，还伴有饮食等生活习惯的适应性改变和异地传承。

黄河中下游平原是中华民族的发源地，秦汉以前，中国人口分布是以黄河中下游平原为中心的，从秦汉时期开始，虽然朝廷为了政权需要，组织黄河中下游平原人口向南方的长江流域和珠江流域迁徙，但直到"五胡乱华”以及“靖康之变”，迫于战争，约有上百万中原人大迁徙，才从根本上改变了中国人口分布以黄河流域为重心的格局。

人随着脚步的行进，把吃的、用的，以及理念、思想也带到了与他脚步并行的地域。最典型的是“靖康之变”后的大宋南迁，代表着当时世界上最先进的饮食文化的北宋的吃、喝以及烹饪理念等，便也随之南迁到杭州等地生根发芽，并根据当地人的饮食习惯渐渐演变成了日后风靡全国的杭帮菜。还有博爱县的水席（三八席），当地研究者就认为跟明朝洪武、永乐年间山西人口大迁徙有关。口舌间的那点儿微妙变化，无意间记录了人类的那段迁徙交流史。

食物和菜系在文化交流中原本就是一个强大的地域符号，也是地域文化的一种载体，人们在消费兰州牛肉拉面的同时，消费的还有兰州文化。“肯定牛肉拉面的出身，只会让人更加尊重兰州，尊重起源于河南却被兰州人发展、壮大的牛肉拉面。就像发源于英国的乒乓球，我们中国人从不避讳谈论它的出身，但又有哪国人不承认乒乓球是中国的‘国球’呢？”陈九如说。

胡辣汤

在河南省内，哪样饮食可以不分区域、不分人群，几天没吃着就想得慌？答案如果说是胡辣汤，估计不会有太多吃货提出反对意见。

胡辣汤，无论你喜欢还是不喜欢，都已经成为河南最具代表性的地方饮食之一，也是最受争议和诟病的地方饮食之一。

满城尽是胡辣汤

喜忧参半胡辣汤

对于胡辣汤，河南人有着特殊的情感。早上喝，中午喝，现在还有 24 小时售卖的。

牛肉（羊肉）、粉条、面筋、黄花菜等，散落在胡辣汤中，疏密有度，黏而不稠；粉条是滑软的，但滑而不散，入口即化；那辣是清香而渐进的，透着一股辛味。喝一碗下肚，只觉得一股暖流从胸腹直散到肌肤毛孔之末，汗也出得畅快淋漓。

“冬天早上喝碗胡辣汤，感觉全身都暖和和的；夏天雨季天气潮湿，来碗胡辣汤，出一身汗排排毒，嘿，甭提多爽了。”作为胡辣汤的忠实粉丝，左左的体会已经上升到了健康生活理念的高度。

对于家乡、对于胡辣汤的感情，高级教师、河南省作家协会会员王平多年前就曾有过这样的感慨：“我这个人呀，天生的穷命、贱嘴巴。记得

带着乡愁的胡辣汤

有一次去北京出差，大鱼大肉却吃得不够舒坦，想吃家乡的胡辣汤、粉浆面条什么的。遗憾的是，偌大个北京，还没碰到这类家乡饭。回到新乡后，我沿着自由路往南走，看到了卖胡辣汤的熟悉小摊，不禁眼热心动。坐下来呼啦呼啦喝了两碗，那顺滑的粉条、筋道的面筋、薄薄的牛肉片、又酸又辣的味道，真是好极了！直喝得满头大汗，周身轻松，荡气回肠，平添了一股精气神儿。啊，到家了。”

老铁是兰州人，在河南待了10年，对胡辣汤的情感丝毫不亚于土生土长的河南人。

老铁说：“胡辣汤对于长年漂泊在外的人来说，是故乡的记忆，是儿时的味道，是抹不去的亲情，是扯不断的‘离骚’。郑州的朋友经常对我说：‘哥，你是兰州人，一定爱吃牛肉面，我请你吃兰州牛肉面吧。’我坚决不同意，宁可喝胡辣汤吃烩面，决不在兰州以外的地方吃所谓的‘正宗兰州牛肉面’。当年刚到郑州时对牛肉面日思夜想，看见个‘正宗兰州牛肉面’的招牌就想进去，吃了几次后就发誓再也不吃了，太不是那个味儿了！要吃就要到兰州去吃。离家越远，对故乡饮食的忠诚度就越高。现在我对胡辣汤的感情也是如此。”

但外省人到河南来，最受不了的就是胡辣汤：“什么呀，黑乎乎的，看着就没胃口。”“齁辣、齁咸。”

这种鄙视一是源于口味、口感的不认同；二是源于外省人吃到的也许并不是正宗的胡辣汤（用各类料粉勾兑出来的“速成胡辣汤”的可能性最大）。因为正宗的胡辣汤并不是“齁辣、齁咸”，而是循序渐进式的甘辛，是走了二里地，打个饱嗝，胡椒味才出来了的透彻与爽亮。

任何地域的任何美食，无论诞生还是流传，必是有其特定的历史环境的，所谓一方水土养一方人，胡辣汤自然也不例外。

胡辣汤由汉代胡辣羹演化而来

河南胡辣汤，又名“糊辣汤”，历史悠久，从采访到的专家和手头可以找到的资料来看，胡辣汤的由来大多是民间传闻。

一说是，胡辣汤源于宋徽宗年间。当时宫中御膳厨师，以少林寺“醒酒汤”和武当山“消食茶”二方为基础，做出了一种色香味俱佳的汤，该汤既消减了茶之苦味，又去掉了汤之辣味，且能醒酒提神、开胃健脾。后来，此汤就演变成了今天的胡辣汤。

一说是，胡辣汤的祖宗应该是酸辣汤和肉粥。按宋代《太平惠民和剂局方》记载，在食物里加入花椒、胡椒等辛温香燥药物，估计是宋代的社会潮流，而胡辣汤就是在这两种食物的基础上改进而成的。它取酸辣汤的醒酒、消食功用；加入肉类恐怕是为了适应大多数人的口味，再辅以生姜、花椒、胡椒、八角、肉桂等调料辛香行气、舒肝醒脾。

此外，还有各种胡辣汤源于其他朝代的传说。张海林认为，胡辣汤的正经出身要比上述这些年代更加久远：今日之胡辣汤是从汉代的胡辣羹演变、发展而来。

今日胡辣汤的辣靠的是辣椒的辣，但辣椒一物大约是明朝后才传入中国的，那么，汉代的胡辣羹是靠什么来提取辣味的呢？

先来看看先祖们是怎么发展出“辣”字的。“辣”，其字义最早载于汉代《通俗文》：“辛甚曰辣。”宋本《玉篇》对辣的解释是：“辛辣也，痛也。”也就是说，辛味发挥到极致为辣，比如芥、葱的味道即为辣。

辛是中国人特有的味觉发现，在张骞出使西域之前，最常用的发辛的食材就是生姜与花椒。生姜、花椒的原产地都在中国，最晚至先秦时期就有了。而在先秦的典籍中，姜被称为“和之美者”，不仅能去除异味，还能激发出鱼肉的美味，故烹制鱼肉时都离不开姜。花椒素有“调味之王”的美誉，去除异味、芳香健脾的同时，还可以增香提鲜。生姜、花椒还是两味中药，都具有温中散寒、除湿止痛、逐风解毒、止痒等功效，可药可食。

胡辣羹的滥觞是周代的名羹“和羹”。那时的和羹内有肉、菜等配料，是口感有些酸、辛、咸的调和之羹，主要用姜之辛和花椒的辛、麻提味。相较于现在的汤，那时的羹更浓稠。浓稠到什么程度呢？拿肉羹举例，那个时候的肉羹用当代人的眼光来看，浓稠得简直就像肉酱。

张骞出使西域之后，胡人的各种原料渐入中原，如胡麻（芝麻）、胡荽（香菜、芫荽）、胡瓜（黄瓜）、胡椒等被逐渐引用到中原饮食当中（长安在当时归属于中原）。其中，胡椒以其较姜、花椒更为强烈的芳香和辛辣，在烹调中有灭腥去膻、增香提鲜的功用，且食用后对身体有温中、下气、消痰、解毒的功效而日渐风行。可以说，在辣椒传入中国以前，胡椒是最优秀、最常用的辛味剂，所有的酸辣羹里都采用擂碎或磨成的胡椒粒、胡椒粉。

人们发现，把胡椒等香辛味更浓烈的香料加入和羹中，开胃行气、舒肝醒脾的功效更强大，因此，便用胡椒代替了花椒。由于这种辣是张骞从胡人处得的胡椒而来，因此被称为“胡辣”。而这种胡辣味的羹就被称作“胡辣羹”。

今天的胡辣汤

元代之后，由于民族、地域间文化的相互融合、碰撞等原因，汉字的一些字义发生了改变，羹渐渐被汤所替代，胡辣羹也随之被改为“胡辣汤”。

君臣佐使胡辣汤

但是，汉代长安的胡辣羹为什么单单在河南落户生根，并成为代表性饮食呢？究其原因，除了跟个人口味有关外，跟河南的气候、地理环境，以及胡辣汤蕴含的“君臣佐使”烹饪理念也有很大关系。

河南地处中原，四季分明，冬天干燥寒冷，夏季湿气大，因此亲水、重羹；再加上胡辣汤暖胃、驱寒、祛湿、排毒的食疗价值较为明显，所以，胡辣汤才会被河南人接受、喜欢，进而在全省范围内得以推广。

隋唐时，洛阳盛行荤素搭配的羹品，例如忽羊羹、剪云斫鱼羹、香翠鹑羹、劝客驼蹄羹、绿芋羹等。到了北宋，羹类饮食更为丰富，仅市肆流行的羹类就有百味羹、头羹、莲子羹、新法鸽子羹、三脆羹、血羹、粉羹等百种之多。这种饮食风尚一直影响到今天。如今，在河南的著名饮食中，汤羹类仍然占据着重要位置，比如开封的胡辣汤、羊双肠、豆沫、牛骨髓油茶，洛阳的不翻汤、牛肉汤，武陟的油茶，南阳的豆腐汤等。

胡辣汤的主要口味是酸和辣。中医认为酸味是入肺和入肝的，它能把肝火降下来，还能够降血压。正宗胡辣汤里用的不是辣椒，而是胡椒，这就是中医所说的辛。它有很好的发散行气作用。

中国营养协会会员丁泽威曾这样评价河南胡辣汤："喝胡辣汤有很多种好处，最重要的好处在于胡辣汤对人体各个系统的整合和调理作用。"

著名中医学者徐文兵就提倡夏天多喝酸辣汤。他认为，酸辣汤、胡辣汤的食材搭配契合了中医君臣佐使的用药之道。君臣佐使是方剂学术语，

油饼、煎包，是胡辣汤的绝配

是方剂配伍的基本原则，后指中药处方中依托各种药的不同作用进行的合理搭配。

进入夏季，现代人都喜欢待在空调屋里，不知不觉间，寒气就侵入身体了。再加上冷饮、瓜果等寒凉之物摄入过多，导致寒邪内生，阳气消耗，体内的热量不够。这个季节最容易生病，尤其是女性。所以，喝点酸辣汤、胡辣汤，不仅可以帮助发散体内的寒邪之气，也可以治未病。

如果你着凉了想发汗，怎么办？徐文兵从中医角度考虑，提倡喝点酸辣汤、胡辣汤之类的汤羹。他建议这个时候喝胡辣汤不仅要多加白胡椒粉，还要放点醋。为什么呢？因为中医认为发散太过，出汗太多，伤阴血，放点醋就能起到收敛作用。这就是中医君臣佐使的配伍理念。

小小的一碗胡辣汤，折射出来的却是中国人满满的生活智慧。

北舞渡胡辣汤口感："随风潜入夜，润物细无声"

2014 年 2 月 28 日上午 10 点，雨中，漯河市舞阳县北舞渡镇顺河街（回族区）闪氏定兴斋胡辣汤馆内，从镇上、漯河、许昌等地赶来喝胡辣汤的人依然络绎不绝。

汤有牛羊肉之分，牛肉的 4 元一碗，羊肉的 5 元一碗。汤中只有四样内容：牛羊肉、粉条、面筋和葱花，看起来疏疏朗朗、清清爽爽的。细品之下，那汤中的辣清香中透着一股辛味，鲜而透彻。

一碗汤落肚，不麻不刺激，然而过了几分钟，那淡淡的香辛味道便开始弥散在口中、胃里，良久不绝。当地人喝汤的观点是：当场喝出料味和胡椒味的汤不叫好汤；喝完汤走二里地，打个饱嗝胡椒味才出来的汤，才是好汤。

所谓"随风潜入夜，润物细无声"，也许正是这个境界吧。

逍遥镇胡辣汤口感："忽如一夜春风来，千树万树梨花开"

2014年3月3日早，从郑州驱车两个多小时，终于到了传说中的周口市西华县逍遥镇。

先是一碗高群生胡辣汤，随后又喝了一碗逍遥老杨家的胡辣汤，让我对逍遥镇胡辣汤的印象有了彻底改观：原来正宗的逍遥镇胡辣汤是很好喝的，跟郑州所谓"逍遥镇胡辣汤"是不一样的。

汤里也只有四样：牛羊肉、面筋、木耳和黄花菜。跟北舞渡胡辣汤相对中庸的风味相比，逍遥镇胡辣汤的口感更"生猛"些，香辛味道更重，喝着更过瘾和刺激。

看来之前对逍遥镇胡辣汤的误解实在太深。君不见，郑州街头比比皆是的"逍遥镇胡辣汤"统统是黑乎乎一片，喝完一碗汤还留着一嘴料粉渣子。除了辣，还是辣，辣得让你痛彻心扉，辣得让你找不着香的感觉。

在逍遥镇上喝的逍遥镇胡辣汤，却完全不一样，汤中虽然有料粉，但却不多，更没有喝完口中留渣的感觉，是"忽如一夜春风来，千树万树梨花开"的欣喜和惊讶。

"糟肉"与"打料"

2014年2月28日中午12点，北舞渡镇闪氏定兴斋企业的加工厂内，工人正在糟肉。

所谓"糟肉"，就是先把牛羊肉用白水煮熟后切块或切片，再用花椒、胡椒、八角、肉蔻、丁香、白芷等二三十种大料跟切成块或切成片的牛羊肉一起炖、焖两个小时，然后盛出分装进大盆内冷却待用。

这个时候的肉已经被炖焖得烂香，且料香已经渗进了肉里，跟肉香融

北舞渡胡辣汤的糟肉

在一起。做汤时，不用再放任何调料，只按照一碗汤一两肉的比例，把糟肉连着肉汁一起放进汤中，料香便渗进了汤锅里，由此也便形成了北舞渡胡辣汤的特点：香不见料，辣不见椒。

这就是北舞渡胡辣汤的秘诀：糟肉。

而与北舞渡做法不同的是，逍遥镇胡辣汤里是看得到料粉的存在的。“打料”是做汤之前的重要工序。

2014 年 3 月 3 日上午，在高群生胡辣汤总店和逍遥老杨家企业的工厂内，我看到了壮观的打料场面：工人把堆成小山似的花椒、胡椒、八角等二三十种配比好的大料，用铁锹铲进机器打碎，再研成粉末状，就成了逍遥镇胡辣汤的基础料粉。

接下来，是制汤。要先用羊油炝锅，再放入姜末，加入之前熬好的牛

逍遥镇胡辣汤的打料

羊骨高汤，放入研成粉末状的料粉，最后再加入面筋等配菜。整个过程算下来，没三个小时，胡辣汤是出不了锅的。

逍遥镇胡辣汤的秘诀除了料粉，就是最容易被来逍遥镇学艺的人所忽视的细节：制汤。就是这个细节最终决定了汤品的好坏。料只是保证汤的鲜味的一方面，制汤才是各家制胜的秘诀。也就是说，即使给你料粉，不会制汤，你也只能处在勾兑胡辣汤的水准上，这也是为什么郑州会出现那么多难喝的胡辣汤的最主要原因。

秘诀背后是态度

看似很简单的胡辣汤，想做得好喝，并不容易，除了要有料，更要有汤。

忽然想起当年韩剧《大长今》中的一个镜头：长今在争夺御膳房掌厨的第一轮命题比赛中，自恃有家传的一种调料，认为胜券在握，所以缩短了牛骨汤的熬制时间。但靠料香味提鲜的汤跟长时间熬制出来的汤的口感明显是有区别的。长今的这种取巧行为严重触怒了皇太后，皇太后认为做饭的技术只是一个方面，失去了对做饭的敬畏之心才是最可怕的。因此，第一轮争霸赛，长今不仅失利，还彻底失去了皇太后对她的信任。

在做饭与吃饭这件事上，信任是基础，而信任则来自于态度。

“做饭的人最大的快乐就是希望吃饭的人快乐”，“做饭就是一种心意”，这两句当年曾深深打动我的台词，在逍遥镇采访那天，忽然又浮现在我的脑海。小小的一碗胡辣汤要想做好，态度与技术是一样重要的。

可是，在生活节奏如此之快、商业氛围如此浓厚的今天，有多少厨师还会对做饭心存敬畏？又有多少吃货会苛求那一锅汤？而正是缺失的这个态度，使得如今的胡辣汤少了几分信仰，缺了几分人文，也令不爱喝胡辣汤的本省人和外省人对胡辣汤产生了极大的厌恶：靠一大堆作料调出来的汤，有什么技术含量？

有些美食真的是不可复制的。

被市场“逼”出来的“老杨家”

先用羊油炝锅，然后放入姜末，按 1 ∶ 1 的比例加入水与提前熬制 3 个小时左右的牛羊骨高汤，再放入研成粉末的料粉，最后加入肉、面筋等配菜。胡辣汤里勾入的芡粉用的是自家做的玉米芡粉。这是周口市西华县

郑州一些星级酒店里的海参胡辣汤

逍遥镇老杨家胡辣汤的传统制法。

传说中的逍遥老杨家的“金汤”就是在这种传统制法上改良的胡辣汤。高汤还是那个牛羊骨熬成的高汤，料粉还是那个由大小茴、花椒、丁香、桂皮、草果、肉蔻等二三十种香料磨成的料粉。不同的是，“金汤”的食材升级了：“金汤”里的芡粉，由传统的玉米芡粉升级为山药芡粉；除了牛羊肉，海参、虫草、羊肚菌、松茸等“高大上”食材代替了面筋、木耳和黄花菜等配菜，成了汤里的主角，并由此衍生出“菌临天下”、“参价无比”两款现代版养生胡辣汤。当然，价格也水涨船高，原本4元、5元一碗的胡辣汤，也由此上升到10元~168元一碗、168元~368元一碗两档价位。这样的价位不仅在逍遥镇，在郑州乃至国内餐饮市场，都是相当“高大上”、相当拒人千里的。

逍遥镇胡辣汤原本就是以酸和辣为主，口感比较强势。那么，在这种强势的味觉中，加入海参、虫草、羊肚菌、松茸等名贵食材，汤性又会发生什么样的变化呢？

我个人认为，口感还是有差异的。首先，由于羊肚菌、松茸这些菌类本身就带着一股淡淡的山谷之气，而海参本身的海洋气息是有微微的腥味儿的，这几种食材的混搭气质跟以酸和辣为主的胡辣汤的生猛气质掺和到一起，显得有点突兀和不搭调；其次，由于食材过多，反有点喧宾夺主，失去了胡辣汤的本味，这就如同穿衣，虽然一身名牌，但如果色彩、装饰物过多，反而拉低了着装的品位和品质。

但逍遥老杨家食品有限公司总经理牛跃义却认为："市场总有各类不同的诉求，就好像有人喜欢吃庆丰炒肝儿，就有人喜欢吃'大董'意境菜；有人喜欢喝普通的胡辣汤，就有人喜欢喝'金汤'。养生'金汤'只是老杨家的一个胡辣汤改良产品，也是老杨家在新的时代背景、新的市场环境下，对胡辣汤未来发展所进行的一个尝试和探索。"

事实上，"金汤"并不是老杨家对市场探索的唯一产品，从2005年开始推出的胡辣汤软包装系列（也就是如今在河南省内各大超市都能买到的方便装胡辣汤）到遍布全省的加盟网点等，都是老杨家在不同时期打出的不同市场牌。

牛跃义说，老杨家的每一步战略调整都是被市场"逼"出来的。

从清末时祖上（杨济明）挑着担子卖胡辣汤至今，老杨家胡辣汤在逍遥镇已有百年历史了。

虽说头上有祖宗的这块招牌，但在饮食越来越多元化，餐饮形式更加丰富、快捷的今天，不与时俱进，不多维思考，别说保住老字号，能否存活下去都是个问题。所以，在激烈的市场竞争中，想办法先让自己活下来才是最好的方式和策略。

方便装胡辣汤当时拷贝的版本是20世纪末畅销大江南北、由漯河市临颍县南街村生产的“北京方便面”。

以方便面为参照模式的方便装胡辣汤，由于制作简单，一经推向市场，便备受欢迎。用牛跃义的话说，那时候的公司只是三四间加起来几十平方米的小作坊，一张单子下来，上至董事长、下至一线员工，统统都得干活儿。而且，分拣、包装等大部分流程都是纯手工的。

而正是靠着这个小小的方便装，经过近 10 年的发展，老杨家食品有限公司如今已经成长为拥有四五千平方米厂房、年销售额五六千万元的胡辣汤生产加工企业。

小小的方便装，市场却很大。

从普洱镇到逍遥镇

因为逍遥镇胡辣汤，周口市西华县逍遥镇如今成了河南最为著名也是

厂房内，工人正在生产方便装胡辣汤

饱受争议的一座小镇。

对于胡辣汤，我本人还算喜欢，但对一夜之间冒出来的打着“逍遥镇”旗号、勾兑出来的胡辣汤极为鄙视，因此，对于逍遥镇，最初我是抱有成见的。

不过，既然可以做到河南胡辣汤目前的典型代表，就必然有一定的原因。

采访逍遥镇，对身为记者的我，可以说是一次必需和无奈的选择。

没想到的是，由于抱有偏见，反而让我对逍遥镇胡辣汤有了一次翻天覆地的认识：首先，原来地道的逍遥镇胡辣汤可以很好喝，跟我平时在郑州街头喝的逍遥镇胡辣汤完全不是一个味儿，这大大出乎我的意料；其次，我想搞明白，曾经名不见经传的、小小的逍遥镇，凭什么可以做到“忽如一夜春风来，千树万树梨花开”？

任何成功都不是一蹴而就的，逍遥镇和逍遥镇胡辣汤更是如此。

中国从计划经济步入市场经济后，尺度最难把握的是政府与市场、政府与企业的关系。

个人认为，云南省普洱市政府和河南省周口市西华县逍遥镇政府是把这两个关系的尺度调控到较好状态的代表之一。从1993年的第一届“中国普洱节”到后来的探访茶马古道，普洱市政府借助这种推广方式，从普及茶文化和普洱保健、养生作用入手，把曾经是游牧民族无奈为之的饮茶习惯，推广成为现在的“全民皆普洱”，甚至还衍生了收藏青饼的消费方式，把普洱茶经济做到了最大化。

无独有偶，在河南各路胡辣汤的包围中，逍遥镇胡辣汤能够冲出重围并成为河南胡辣汤的代表，与当地政府的引导、扶持也是不无关系的。无论是“逍遥镇胡辣汤美食节”的举办，还是注册“逍遥镇”商标，并鼓励逍遥镇人带着胡辣汤的熬制技术外出发家致富，无形中，把逍遥镇做成了品牌、做出了气势。

但政府的扶持仅是造就逍遥镇的其中一个原因，更多的原因还是来源

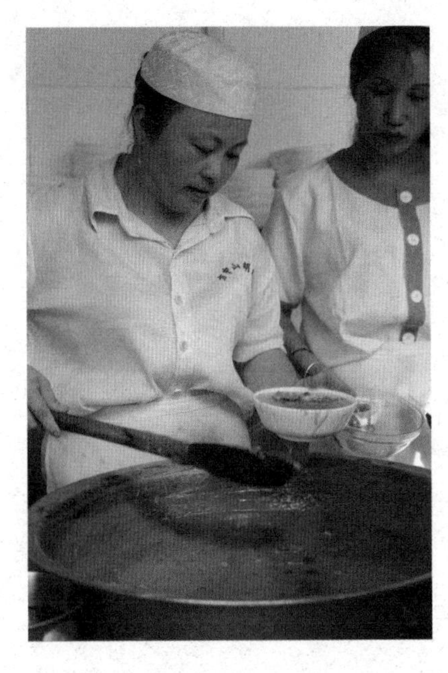

早起一碗胡辣汤，一天的能量满满的

于自身。

在饮食形式快速膨胀、丰富时，在美食已经不再满足于果腹时，民众对于饮食的要求就会越来越高。在这样的市场经济环境下，在个人口味一夜之间就会发生质的改变的状态下，从事饮食的人或者企业只有两条路可走：不在沉默中爆发，就在沉默中死亡。

很多百年老字号、很多中华民族优秀的饮食传统，就是在无法应对和无所适从中，彻底从我们眼前消失的。

风雨来时，逃不过，又不想办法对抗、干预，任其杀戮，然后哭着告诉大家：我们有几百年的历史，我们祖上曾给某某皇帝做过饭、曾被某某名人题过词，有什么用？

而这个时候，闷着头研究市场，憋着气琢磨出几招应变的道道儿来，没准儿还会一雪前耻，挽回点儿尊严。

死也要死得轰轰烈烈，才不枉你几百年的老字号！

这样的老字号，才值得传承；这样的老字号，才值得被后人尊重。

因此，我尊重逍遥镇，尊重他们可以政府、市场、企业绑在一起的决心与力量，尊重他们不吃老本儿、肯吃苦、肯钻研、敢闯敢拼的精神，更尊重他们与时俱进的胆量与气魄，给所有抱着“金饭碗”找饭吃的老字号找出了一条路。

鲜虾面

梅花汤饼，就是用浸泡白梅、檀香末的汁水加鸡汤和面做出的面条，既有梅花的清远之气、檀香的空谷之香，又有鸡汁的浓厚之醇。

面条，从“饼”而来

煮饼是面条鼻祖

面条，源于战国时期用麦子面粉制作的“饼”，是用水将面和在一起做出的食品，“并也，溲面使合并也”（刘熙《释名》）。

“饼”字的出现最早见于《墨子·耕柱》。由于战国时期饼的花样、品种很少，还不能算是美食，所以墨子对鲁阳文君说，有个人有吃不完的牛羊肉，竟还偷人家的饼吃（“见人之作饼，则还然窃之”），这种人如果不是患“窃疾”则不可理解。

饼出现以前，饭、粥是主食中的主食，饼出现之后，随着品种的不断丰富，很快与饭、粥平分天下，形成北方主要食面、南方主要食米的习俗。

当时的饼有蒸饼、煮饼之分。蒸饼后来逐渐演变成馒头、胡饼、烧饼、点心等食品；煮饼，指在沸水中煮熟的饼，后称汤饼，就是今天的面条。不过，那时的煮饼、汤饼都类似于面片儿。

由于煮饼、汤饼是当时大部分中国人粥、饭以外的主食之一，所以，汉时的宫廷中曾设“汤官”一职，职责就是“煮饼饵”。东汉著名政论家崔寔在《四民月令》中提醒百姓：“距立秋，毋食煮饼与水溲饼（指过水面）。”一则，这两种饼都是没有发酵的死面制作的，难以消化；二则，过水面太凉，不宜秋后食用。

《世说新语》记载了这样一则小故事：“何平叔（何晏）美姿仪，面至白。魏明帝疑其傅粉，正夏月，与热汤饼。既啖，大汗出，以朱衣自拭，色转皎然。”何晏不仅长得帅，皮肤也白，魏明帝就想借着一碗热汤面试探人家是不是脸上敷了粉。还好，何帅哥终究是天生丽质难自弃，才没出丑。

西晋学者、文学家束皙曾做《饼赋》，称“充虚解战，汤饼为最”，可见，汤饼当时在民间占据着相当重要的饮食地位。

南北朝时的汤饼分为煮饼、水溲饼（类似拉面）、水引馎饦饼（用肉汁和面制成的汤面条）等。唐之后，汤饼渐渐有了擀、搓、切、抻、捏、卷、模压、刀削等多种制作方法，并出现了荤素菜做出的多种多样的浇头（卤），种类之多，难以计数。

北宋之后，随着政治中心、文化中心、烹饪中心南迁，很多名称、叫法都发生了改变，渐渐地，馎饦之名无人再叫，面条成为统称；蒸饼因避宋仁宗赵祯之讳改称炊饼，元以后则渐变为馍和馒头之名。

吃面条是为了“辟邪”？

王学泰认为，汤饼的出现应该与节令风俗关系密切。

南朝梁宗懔《荆楚岁时记》云：“（六月）伏日，并作汤饼，名为‘辟恶饼’。”伏天暑湿内侵，易积湿邪，吃碗热汤饼发发汗，解表化湿，驱除邪热，也合医理。

北宋时，首都汴京盛行“二月二，龙抬头”时吃龙须面的习俗，有祈求风调雨顺和吉祥长寿之意，这种习俗延续至今。开封老城现在还有“头伏饺子二伏面，三伏烙饼摊鸡蛋”的食谚。豫东地区也有一句俗语：“正月捞三捞，神鬼不敢瞧”，指的就是当地在正月初八、十八、二十八这三天吃捞面条的习俗。当地人认为这三天吃了捞面条，神灵就会保佑人们无灾无难一年平安。

因为面条细而长，所以唐朝时，中国人就有了庆祝生日要吃长寿面、生子满月要摆汤面宴，并把面条分送给邻居的习俗，祈愿长者吉祥长寿、小孩长命百岁。《新唐书·列传第一·后妃上》记载，王皇后失宠时曾埋怨唐玄宗：“独不念阿忠（王皇后）脱紫半臂易斗面，为生日汤饼邪？”

拉面　　烩面

糊汤面　　酸汤面叶

唐代诗人刘禹锡在《送张盥赴举》一诗中，这样描述当时的满月酒席场面：“尔生始悬弧，我作座上宾。引箸举汤饼，祝词天（添）麒麟。”

至今，河南各地还有得子后摆汤面宴之风俗，不过，现在不叫“汤面宴”，改叫“喜面”，俗称“办九”、“做九”、“祝九”，一般放在孩子出生后的九天、十八天或二十七天。九天吃喜面叫头九面，二九吃喜面叫二九面，三九吃喜面叫满月面，因“九”、“久”谐音，求其长寿吉祥之意。由于得子之家“办九”时都要举行隆重的酒宴，“九”、“酒”谐音，因此，有的地方又把“办九”说成“办酒”。豫东农村的“办酒”形式一般是“一家得子，全村吃面”，得子之家在院内支一口大锅煮面，不管大人小孩，都是自己动手，下锅捞面，吃多少，捞多少，有点“捞福”的意思。

用梅花汁和面做出来的面条

尤其值得注意的是，汉时人们已经开始研究“髓饼”课题了。髓饼，就是以动物的脂髓和面，比如肉汁、鸡汤等，这样做出的蒸饼、汤饼不仅口感酥爽、入口绵软，而且为面粉的食用开拓了更广阔的前景。

到了宋代，面条品种之丰富，超乎今人想象，仅开封街头较为流行的就有插肉面、盘兔、猎羊生面、三鲜面、鱼桐皮面、盐煎面、笋泼肉面、炒鸡面、子料浇虾面等数十个面条品种（这个时期，面条与汤饼已混称）。南宋林洪在《山家清供》中记载了两款听名字眼前就会“暗香浮动”的面品：梅花汤饼与百合面。

梅花汤饼，是用浸泡白梅、檀香末的汁水加鸡汤和面做出的面条：“初浸白梅、檀香末水，和面作馄饨皮，每一叠用五分铁凿如梅花样者凿取之。候煮熟，乃过于鸡清汁内。每客止二百余花，可想一食亦不忘梅。”面条里既有梅花的清远之气、檀香的空谷之香，又有鸡汁的浓厚之醇，这样醇厚、醇香、醇美之味道除了令今人心向往之，并多咽几次口水外，还会多少有些怅惋：如果现在街头还有这种面条，估计十之八九都被添加香精了吧？

百合面则是："春秋仲月，采百合根曝干捣筛，和面作汤饼"，百合面不仅好吃，还具有补益功效，因此，林洪总结："最益血气。"

对于吃之一事，古人真是从不怕麻烦，真心讲究！

古代冷面：夏日冷淘

寒冷之时食汤饼，三伏之际则食冷淘。冷淘，是煮熟之后再用井水过一到两遍的捞面条，相当于今日所说之冷面，唐代即已流行。

《唐六典》载："凡朝会、燕飨，九品以上并供其膳食……夏月加冷淘粉粥。"朝堂宴会如此，民间自是仿效。槐叶冷淘是当时最著名的一道冷面。从杜甫做的《槐叶冷淘》一诗中可以得知，槐叶冷淘是以槐叶的汁液和面制成的，食来凉爽利口，"经齿冷于雪"。

到了宋代，冷淘品种更多了，仅开封街头，就有槐叶淘、甘菊淘、银丝冷淘，用腌菜的齑淘，以及用卤的抹肉淘，而且一到立春就食冷淘。《岁时广记》载："立春日，京师（开封）人家以韭黄、生菜食冷淘"（这个习惯明代还保留，徐渭《春兴》诗曰："柳色未黄寒食过，槐芽初绿冷淘香"就是一证）。

当时的开封城内，冷淘不仅街头酒楼有售，太学食堂也有供应。《苕溪渔隐丛话后集》载，当时太学生的主食是"春秋炊饼，夏冷淘，冬馒头"。《东京梦华录》载："都人最重三伏，盖六月中别无时节，往往风亭水榭，峻宇高楼，雪槛冰盘，浮瓜沉李，流杯曲沼，苞鲊新荷，远迩笙歌，通夕而罢。"玩赏过后，食冷淘也就成了饭时的必需选择。陆游还曾赋诗曰："佳哉冷淘时，槐芽杂豚肩。"

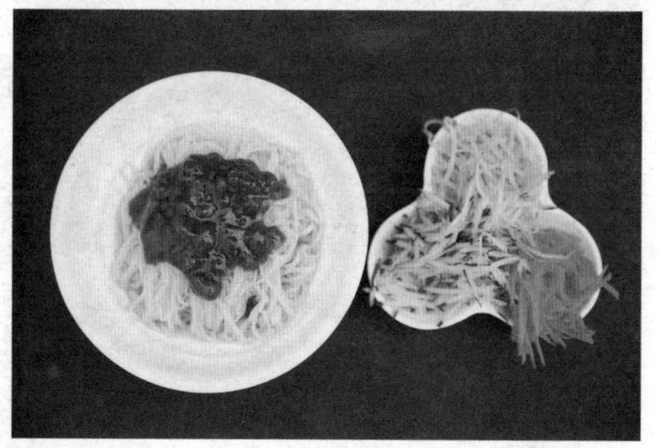

河南人的夏日冷淘

过井水的面叫冷淘，用温水过的面叫温淘，这种习惯河南人一直保留至今（尤其豫东农村），不过，宋之后，河南人就已经淡化“冷淘”称谓，把冷淘、温淘统统简化为“捞面条”了。

早年夏日，劳作之后，河南人喜欢在树荫、庭院中，将煮好的面条用井水或凉开水过一到两遍，然后加荆芥、黄瓜丝、蒜汁、芝麻酱等凉拌，是相当清爽、利口的一道夏日美味。饭毕，河南人还喜欢再喝半碗温热的面条汤，有原汤化原食之说，这是因为此时喝温热的面条汤，有暖胃防积之效，也是饮食的中和之道吧。

各类版本的烩面传奇

一指半宽的面条被热腾腾的肉汤淹没，浓白的汤汁，和着绿色的香菜、黄色的千张丝、透亮的粉条，品相极美。那汤醇厚浓郁，鲜而不腻，舒滑间竟有了种润“胃”细无声之感；那面则在汤汁的浸润中，外滑内韧，劲道中还透着一丝松软。这就是传说中的郑州烩面。

傻傻分不清的烩面传说

烩面是郑州乃至河南的饮食标志之一，但关于烩面的那点儿历史，就连大部分老郑州人也搞不清。自从中国的旅游胜地、特色小吃开始拿“传说”说事儿后，如今俨然成为城市名片之一的烩面便被赋予了各种版本的传奇，同时也把困扰扔给了烩面爱好者：到底哪种传说更靠谱呢？

还是先把各类传说列一列。

一、唐太宗落难说

传说李世民登基前，隆冬落难逃亡途中染病，幸得一农家收留。农家淳朴，宰家养麋鹿炖汤，又迫于追兵，便草草将和好的面拉扯下锅。李世民吃下，寒疾痊愈。

即位后，李世民派人寻访，命御厨学艺，唐宫御膳就多了道“麒麟面”。后因麋鹿稀有就用山羊替代，便逐渐演变成了今天的烩面。

二、豫籍京官、厨子自创说

光绪年间，长葛厨师郭子兴在京开一面馆。因为常有敲诈勒索之事发生，便找同乡杨翰林帮忙。杨翰林就是杨佩璋，长葛人，后官至都察院副都御史。杨翰林为保护郭子兴，就把他聘到府上做了厨子。

辛亥革命后，杨翰林偕郭子兴告老还乡。秋日偶遇风寒，郭子兴便试着用大骨头、肉茸加一些入味的中草药炖汤后煮面给杨翰林吃，没想到深得杨翰林赞许，从此成为杨家的日常饮食。民国九年，杨翰林在长葛老家去世，临终前送郭子兴银两，让他再行开店，且叮嘱郭子兴不要让烩面失传。不料，长葛当时寇匪猖獗，官兵不能剿办，时局不安，再无开店机会。当时，郭子兴有一远房亲戚，住在黄河岸边花园口附近，郭子兴为了生存，只好投奔那里。烩面就是郭子兴彼时传到郑州的。

三、日机轰炸郑州说

此说认为，烩面是由长垣籍厨师赵荣光创制的。

赵荣光喜面食，尤其对面条特别钟爱。抗日战争时期，郑州的饭店经常因躲避空袭关门，有时厨师们刚端起饭碗就要急于逃命。当时粮食紧缺，赵师傅不忍将剩饭弃掉，空袭结束后，就把剩饭加汤烩烩再吃。久而久之，赵荣光发现重新烩过的面别有一番风味，又在面里放些盐、碱之类使面更筋，遂成为店员的一个主要伙食品种。后来，一些老顾客无意中发现店员吃的这种面很有特色，就要求饭店售卖。赵荣光由此开始精心配制烩面。他选用上好的鲜羊肉，放入各种原料，将肉煮烂，面条下锅时用原汁肉汤，再放入羊肉、黄花菜、木耳等，味道十分鲜美，于是，烩面便逐渐成为该店的热卖品种。

四、豫籍羊肉泡馍师傅改造说

据说，烩面是从西安泡馍中演变过来的。西安泡馍清代传到河南，因为河南人不喜欢吃馍而喜欢吃面，一位豫籍羊肉泡馍师傅就把泡馍改良成了烩面。羊肉泡馍的粉丝说，现在的河南烩面中所喝到的汤依稀还能闻到西安泡馍的味道。

五、山西回族传统面食说

相传，明永乐年间，朱元璋的儿子沈王朱模在潞州(今山西省长治县)时，常到民间察访。有一年秋天，他行至南门外西和村、八义村一带时，偶遇一位给爷爷送羊肉老圪(gē)扯(长治县一带百姓称“宽面条”为“老圪扯”)的回族少女。见沈王很饿，小姑娘就给沈王倒了半碗，沈王边吃边说：“好吃！”

沈王回到王府，念念不忘那半碗羊肉老圪扯，就派人找到那位回族姑娘，将其聘为王府厨娘。沈王去世后，回族厨娘离开王府，在集市搭棚垒灶开了家面食馆，专营羊肉老圪扯，很多当地回民都跟她学习羊肉老圪扯的制作方法。由于羊肉老圪扯好吃，便渐渐传到了河南、陕西、甘肃、宁夏、河北、天津等地。

除这5个传说外，还有烩面诞生于100年前曾与北京天桥、天津三不管“齐名”的郑州老坟岗之说，以及与大禹治水、安史之乱等有关的传说。

真相很残酷：烩面作为单有饮食品种至今不过50年光景

这么多历史悠久的烩面传说，到底哪个更靠谱？张海林等专家以及一些老郑州认为，这些传说基本都没有历史依据。

张海林解释，烩面是古时馎饦技法的演变和再现。贾思勰曾在《齐民要术》中详记了馎饦的技法：“馎饦，挼如大指许，二寸一断，著水盆中浸，宜以手向盆旁挼使极薄，皆急火逐沸熟煮。”就是将和成之面，以二寸为段，用手挼薄，擘开煮而食之。这种做法，和今天的烩面一脉相承，只是那时称煮，今日说烩，而烩不过是煮法之一，是以旺火和相对较长的时间使原料入味、汤汁浓厚的一种烹饪方法。

从明代到民国，在很长一段时间内，刀切面、刀削面是民间、馆业面食的主要制法，抻面、拉面成为特殊工艺，馎饦之法更是很少有人采用，以致很多人把烩面这个馎饦的演变和再现认为是烩馍的演变，更有人认为是自己饭店的自创，这其实是历史造成的误会。烩面技法虽说历史悠久，但烩面作为独立面条品种出现是在1967年。

在1967年之前，郑州乃至河南省内，还没有一家主营烩面的面馆或者摊位，很多老郑州人甚至不知道郑州有烩面这么个面食品种。1967年，郑州市饮食公司成立合记烩面馆，将原本是员工伙食的烩面作为专营品种对外营业，从此，烩面作为一种独立面条品种正式出现在郑州市场上。而合记烩面馆则成为省内首家以羊肉烩面为专营品种的面馆。相对于传统中餐，烩面这种新型饮食品种更方便、快捷，再加上郑州便利的交通条件，南来北往的旅客多，烩面这种颇具地方特色的饮食便成为旅客首选。改革开放后，随着萧记、惠丰源、裕丰源、巴老三、76人等烩面馆的加入、扩张，烩面迅速成为郑州的全民食品，成为郑州乃至河南的饮食代表。

掰着指头算算，烩面正式作为一个单有品种出现、一个单有品牌经营，从1967年至今，不过50年光景。

郑州城外的烩面长啥样

无论是羊肉烩面还是三鲜烩面，郑州市场的烩面大都配以黄花菜、木耳、水粉条、千张丝、海带丝，上桌时外带香菜、辣椒油、糖蒜等小碟，可谓是菜、面、汤俱全。但郑州城外的烩面却不长这样。

一、开封尉氏烩面：一定要放芝麻酱的烩面

与河南其他流派烩面都不一样的是，正宗的尉氏烩面一定要放芝麻酱。

尉氏烩面的特点是不放海带丝、千张丝、粉条、青菜、黄花菜，也不放鹌鹑蛋。无论羊肉放多少，烩面是一定要下在羊肉汤里的，盛面的海碗碗底一定要有芝麻酱，一定要有生葱花。

而烩面主料——面坯，是加了盐、鸡蛋的，因此比郑州烩面更为筋道、弹滑。

二、长垣魏庄烩面：不强调滋补，凸显本色本味的烩面

泛着热气的肉汤中，只有白色的面条、黄色的黄豆芽和绿色的香菜。喝一口汤，浓郁醇厚，齿颊留香；吃一口面，柔中带绵，绵中又透着一股筋道。这就是长垣魏庄人引以为荣的魏庄烩面。

郑州烩面市场突出“滋补”，为此，很多烩面馆的汤都强调添加了多种（多至二三十种）中药材，但长垣魏庄烩面强调的却是本色本味，只用羊脊骨、

羊肉等肉骨熬制烩面汤，所以，长垣魏庄烩面虽然没有郑州烩面的汤白，味道却比郑州烩面更鲜、更醇。面也是加盐、加碱的，但面更薄而透亮，且弹软筋滑。羊肉是经反复浸泡后下锅，撇出血沫再煮烂的，因此，鲜香嫩滑、入口即化。而黄豆芽的加入，不仅没有喧宾夺主，反而起到了清口作用，并增加了层次感。

三、南阳方城烩面：唯一被称为“众口好调的烩面”

南阳方城烩面是所有吃货（哪怕是不爱吃烩面的吃货）都会伸大拇指夸赞的烩面，也是目前河南烩面市场上唯一被称为“众口好调的烩面”。

羊肉烩面　　滋补烩面

牛肉烩面　　三鲜烩面

方城烩面里只有汤、面、菜、肉，没有郑州烩面里的海带丝、千张丝、鹌鹑蛋、黑木耳。所以方城人说，郑州的烩面杂七杂八混在一起像大杂烩，吃不惯。

方城的烩面讲究汤要浓白、面要筋道、肉要绵软、菜要青翠、碗要大气、片要扯匀、料要辣香。

面用高筋粉，加上盐水揉，拍成一片一片的，抹上香油醒三个小时。羊肉煮熟，切成块状。最关键是熬汤，一口锅文火炖着羊骨架，加入秘制香料，熬得像牛奶。另外，还要用羊油炸辣椒粉当调料。炸出的辣椒油凝固后，必须一半黄一半红。面出锅时码上菠菜，浇两勺高汤，放一勺羊肉，撒上大把香菜蒜苗，点一滴香油提味去膻。

这样一碗羊肉烩面，方城人说，可以温暖整个冬季。

因为方城烩面好吃，所以不管是商家还是食客，都曾考虑过把方城烩面移植到外地，让方城烩面走得更远些。但让商家与食客始料未及的是：被移植后的方城烩面，汤没那么好喝，面也没那么筋道、滑爽了，离了家、离了那方水土的方城烩面就像丢了魂儿似的，没了精气神儿，更丢了那股味儿。

“橘生淮南则为橘，生于淮北则为枳。”任何一方的饮食皆如此。

百度热搜词：大刀面

“什么是大刀面？”2014 年 5 月，自习近平总书记在开封市兰考县吃了一碗大刀面后，兰考的地方小吃大刀面便成为百度搜索热词。但专业的词汇解读还是令网友不甚了解：“大刀面到底长啥样啊？”于是，我挖空心思，想了一个特别通俗的解释：大刀面其实就是河南人常说的手擀面，只是切面的刀具更特别，切出的面比普通手擀面更细、更薄而已。

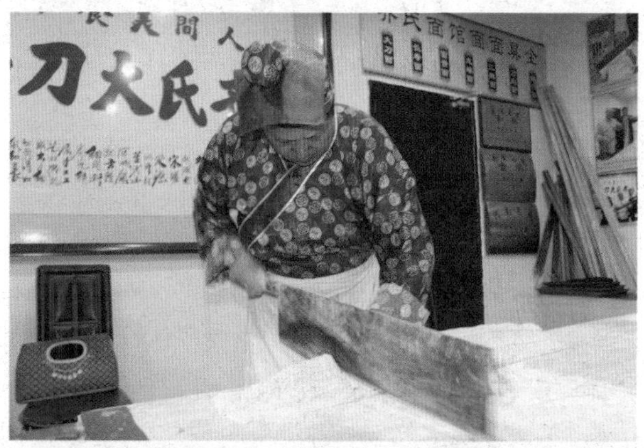

制作大刀面

用面粉、鸡蛋清、食盐、小苏打和面，然后醒面，再由两人双杆（也有一人一杆）轧面，擀面，最后用重约8斤的大刀切面。手起刀落，切出的面细如发丝，薄可观纸；开水下锅捞出后，那面筋长软柔，细嫩滑弹，有“一根面、一碗饭”之说。

大刀面的吃法有冬夏之别。夏季，用煎蛋皮、姜末、蒜汁、葱花、香油凉拌，清新爽口；冬季，用鸡丝、瘦肉丝或鸡蛋做卤热吃，鲜美醇香。这是大刀面的捞面做法，除此之外，大刀面还有汤面等多种做法。

兰考大刀面有中华一绝之美誉，始创于兰考南彰乡小宋集杨、齐、孔三姓面馆，距今已有100多年的历史，原在乡间集市经营，深受乡人喜爱。1949年后，杨、齐、孔的传人受聘到南彰乡供销社食堂工作，这个民间小吃才得以保留下来。

卤面和盘兔

除了大刀面，开封还有一道面非常有名，吃法跟捞面近似，也是需要拌卤而食，只是面条需要蒸，叫卤面。北京、天津等地也有卤面，称为打卤面，是将面条在水中煮熟后，捞到碗内，浇上用肉、蛋、菜烹制的卤汁，实际上相当于河南的捞面条。

卤面算是河南各地最为普及的一道面品，但若论好吃，还是非开封莫属。开封人蒸卤面比较讲究，一定要用新鲜的湿面条，且面条越细越好。先把面条用油拌匀（也可以省却这一步骤），置笼屉上蒸至半熟后晾凉待用；将黄豆芽或者蒜薹、豆角、芹菜等应季蔬菜掺五花肉爆炒，对入酱油焖熟，称为卤汁。待卤汁稍凉，将面条与卤汁搅拌均匀，上笼再蒸十分钟即可。看似简单，但炒卤汁与拌面却是个技术活儿：汁太多，蒸好的卤面往往是黏软成团；汁太少，面则太硬，且淡而无味。拌面讲究均匀，均匀到夹起

卤面

一筷子卤面，面里要有菜，菜里要有面。因为只有拌到这种程度的卤面才能根根入味，口感绵软，品相也好。

细论起来，捞面在开封地区流行是颇有历史渊源的。北宋时期，捞面在汴京城内就是比较流行的市井饮食之一，并且，有一种特别“高大上”的捞面，叫“盘兔”。

既有“兔”字，食材自然离不了兔肉。没错，这个“盘兔”就是用兔肉切丝烹制好后，配以萝卜丝、葱白丝等，盛到煮熟捞出或炸成鸟巢形的细面条上。通俗理解就是，凡以“盘兔”为卤的捞面条大都可称为“盘兔”。

“盘兔”是北宋时冬令野味佳肴，孟元老在《东京梦华录》中把它列为冬月饮食之首，是北宋时期汴京城内比较流行的市井饮食之一，当时的州桥夜市、京师酒肆，皆有此菜售卖。

到了南宋，“盘兔”又被汴京移民带到杭州，被杭州人称为“盘兔糊”。

后来估计是为了照顾南迁之后思家、想家的宋高宗以及那帮大臣显贵们的口味，“盘兔糊”被作为“贵官家品件”之一，登上了达官显贵的大雅之堂。到了元代，饮膳太医忽思慧把“盘兔”称为“奇珍异馔”并载入《饮膳正要》，“盘兔”由此成为元代的宫廷食品。至明代，开国宰相刘基又将“盘兔”收入《多能鄙事》的烹饪法中，仍在各地流传食用。

一碗捞面经历三个朝代，流行几百年而不倒，这不仅是中国烹饪史上的一道奇观，在世界烹饪史上也是不多见的。

既然说到捞面，就不得不说河南捞面的卤，也就是“浇头”。夏季，用煎蛋皮、姜末、蒜汁、葱花、香油凉拌；冬季，用鸡丝、瘦肉丝或鸡蛋

左上图：炸酱面

左下图：羊肉糊汤面

右　图：芝麻叶面条

做卤热吃，根据时令、节气不同，河南人会做出各种不同的卤来。比如，微信圈里就有一位朋友晒了他们家的捞面卤，叫作“辣汁蒸虾黄”，食材是时下最新鲜的小龙虾。把虾头里的虾黄挑出，配酸辣汁蒸出后就成了捞面卤，醇香美味，开胃开怀，下饭最地道。一碗面，看似很简单，但由于有了不同的“浇头”搭配，就变得花样叠出了。

朋友说，这道菜是他老岳父自创的。老岳父平时除了帮他们夫妻俩带孩子，还爱自创菜品，比如他自创的干子烧腊肉，一片干子一片腊肉，层层贴着，那种醇香美味令朋友至今回味起来还不胜感慨：“棒极了！”

酸辣汁是老人家自制的，那虾黄需要挑多少虾头才能够四五个人吃？我不得而知，我只知道，这样的功夫没有浓浓的亲情是做不出的。

跟西方人不同，中国人表达自己情感的方式很含蓄、很内敛，特别是中国父母和孩子之间，更是很少把“爱”这个字眼儿挂在嘴边。但是，中国的父母似乎更愿意花费更多的时间和精力把爱浓缩在一顿饭、一道菜、一碗面上，然后，看着孩子们狼吞虎咽、风卷残云般清扫完毕，那就是他们最大的满足和骄傲，那就是他们对孩子爱的表达方式。

而中国的孩子们通常是在回味某道家常美味时，才体会到父母对自己吝于言表的那个“爱”字的。于是，他们对爱的表达方式通常是：把父母做的道道家常美味统统、彻底舔光，把爸妈做的那碗手擀面扒拉得干干净净，然后摸着滚圆的肚子说，还是爸妈做的饭最好吃。

留住了胃，也就留住了心。家常、美味，就这样把亲情、把爱、把家浓浓地裹在了一起，剪不断、理还乱。

民国初年，开封著名老字号“同盛功”糕点茶食店员工在店铺前“奢侈”了一把，照了一张“全家福”。

今天，你在开封品尝到的一切美食不仅源于皇城根儿的历史，还源于每一位在这座曾经伟大的城市中坚持梦想并乐于传承的老字号、老手艺人。开封美食就是在他们的手中成了生活智慧和世道人心的结合体，丰厚、博大、精深。

传统还能“统”多久

1957 年 3 月，开封著名包子大师黄继善（左一）在开封“第一楼”给青年厨师传授技艺。

1922 年，黄继善与大师傅周孝德相遇，对周以“生养死葬”为条件，合伙创建“第一点心馆”，后易名“第一楼包子馆”，经营小笼包子等品种。第一楼小笼灌汤包子具有薄皮大馅、灌汤流油、软嫩鲜香，提起像灯笼，放下似菊花的风味特点，被誉为“中州膳食一绝”。第一楼小笼灌汤包子制作技艺于 2007 年 2 月被评为河南省第一批非物质文化遗产。

1976年，开封市饮食公司恢复了百年老号、始建于清光绪八年的“稻香居”，聘请邢振远大师（右二）为技术顾问。邢振远（1897~1992年），著名锅贴大师，13岁到“稻香居锅贴铺”学徒，出师成名后培养了一大批锅贴名师，为开封风味小吃的发扬光大做出了积极贡献。

1976年，开封五代名厨世家的一张全家福。开封陈氏“名厨世家”以制作“官府菜”闻名，陈氏官府菜由清末开封“名厨三祥”之一的陈永祥于19世纪末创制，

是河南官府菜最重要的代表流派。

陈家将诸多官府名菜作为家传，五代相承，至今已逾百年。第一代陈永祥（1860~1938年）曾为慈禧主办“万寿庆典御膳”；第二代陈振生（1895~1987年，前排右三）曾在河南省省长公署、省政府任主厨；第三代陈景斌（前排右二）、陈景和（前排左二）、陈景望（前排右一）被誉为“陈氏三兄弟”，享誉中州；第四代陈长安（后排左二）、段留长（后排右二）和第五代陈伟（前排左一），均被授予“中国烹饪大师”称号。

老锅、老汤，酱牛肉

开封市东大寺门是一个回族居民区，无论冬夏，每天清晨6点左右，这里就已经挤满了喝汤、买熟牛羊肉的老开封人。外地人熟知的沙家酱牛肉、白家花生糕就在这条街上。

600多年前，一部分回族人迁徙到开封，并世代以饮食业为生，慢慢就在开封东大寺门形成了回族食品一条街的饮食业态。酱牛肉、烧鸡、桶子鸡、花生糕等清真食品就是这条街上的主要风味小吃。

沙梦龙的每天是从凌晨两三点钟开始的。沙梦龙是沙家牛肉的第四代传人。这几年沙家牛肉声名远播，使得他和父亲——沙家牛肉第三代传人沙永亮每天都要准备四五百斤的卤牛肉才能满足市场需求。

卤牛肉的无盖大锅直径足有1.5米，沙梦龙说，锅里留的老汤从光绪二十三年（1897年）沙家牛肉的第一代掌门人算起，至今已有百余年历史了。沙梦龙把木柴点燃，开始卤牛肉。肉已经用他们家自己配的八角、花椒、良姜、砂仁等20多种大料腌了两天了。

用柴火卤肉的方法有点耗时，也影响酱牛肉的出产量，但沙家人始终“固执”地认为坚守传统的制作方法，才能保证牛肉的口感和质感，因而在大部分老作坊都已经改换“兵器”的今天，他们依然坚守老锅、老汤、配料和柴火的传统技法。

原生态制作的花生糕

与沙家一样，依然在用传统“说事儿”的白记花生糕传人之一白凤杰也在这条街上，与沙家是邻居。

制作花生糕

开封从古至今盛产花生，开封花生尤以粒大、皮薄、味香而闻名。因此，以花生入食的食物有很多，比如，花生露、花生酱、五香花生等，包括现在外地游客每去必买的花生糕。

传说，开封花生糕原是宫廷膳食，经过时代的更迭、演变，形成了今天你我皆可食的平民小吃。关于花生糕的这段历史，由于没有找到具体的史料记载，所以真实与否不敢断定。但在有着几千年文明发展史的中国土地上，任何吃食的产生、发展（尤其是一些历史悠久的老城里的风味小吃），都绝不是偶然的，必是和当地风土人情有着千丝万缕的联系，并且经过至少上百年舌尖的积淀后，才有了今天丰富的美食资源和文化的。从这个意义上讲，我们中国人在唇齿上的优越感是世界上其他任何国家、民族都不可比拟的。

每年农历八月十五过后，开始选新花生作为花生糕原料，过了春节就停止选料。“因为陈花生的口感不好，所以，过了春节，我们做的花生糕就少了。”在白凤杰的工厂里，从选料、粉碎、炒制、熬糖、出品到包装，每一个环节都保持原生态式的纯手工制作。

“只有纯手工做出来的花生糕才会香而不腻，黏而不粘。”白凤杰这样解释。

艰难的守护

无论是白记花生糕，还是沙家酱牛肉，抑或是有上百年历史的桶子鸡、烧鸡、风干兔肉、烧饼、胡辣汤、羊双肠、炒凉粉、五香花生等，在物质不再匮乏的今天，在追求快节奏的氛围中，传统技法似乎已经越来越跟不上时代的步伐，并且受到严重的生存挑战。

比如，大街小巷随处能看到、吃到的炒五香花生米；比如，一夜间可以遍布整个城市的某品牌胡辣汤等。从原料到出品，完全不用遵循旧有的生产模式，一切都可以规模化、标准化、工业化生产。

工业化给我们的生活带来便捷的同时也削弱、降低了我们味蕾的判断力，并且麻木了我们曾经兴奋的味觉神经。

守护故事一：对传统的守护可能意味着利润点的不断降低

十几岁就跟着爷爷、父亲学做花生糕的白凤杰说，他不知道他的后辈能不能继承家传的技法；他也不知道，即便后辈们愿意学习、继承这门技术，未来，他们又能把这些老传统、老技艺坚守多久。毕竟，无论是规模化还是标准化，传统手工技法都是不能与机械化生产相提并论的。

不能规模化生产就意味着出品量的减少，出品量的减少就意味着市场占有量的降低。在市场环境下，要么坚持，要么妥协。在传统与现实中挣扎与纠结，是很多私营老字号的写照。某些时候，对传统的守护可能就意味着利润点的不断降低。在利润点不再增长甚至是负增长的情况下，填饱肚子、活下去也许才是最好的选择。

但白凤杰唯一能确定的是：无论如何，他是要把传统坚守到底的。不仅因为这是历史，更因为，手工熬出的玉米糖稀，手工制作出来的花生糕的松软度、黏合度，还有入口即化、不留渣滓的口感，都是机械化生产永远不能替代的。

换句话说，手工打造出来的食物是有温度、有情感的，开封人乃至中国人就是在有温度、有情感的食物的品味中才得以延续、传承，并有了几千年文明史的。

守护故事二：在时尚中守护传统

近40岁的卫华，是全美老店的第四代传人。

纸绳、麻纸、红签儿，是卫华始终坚持的糕点传统包装方式。

位于书店街上的全美老店始建于清光绪二年，主营自制传统糕点及南北土特产，至今已有140年的历史，是开封市非物质文化遗产项目。

“三酥”、“三糕”、“三饼”以及老式月饼是全美老店的代表性传统糕点。无论蛋糕房在城市中的渗透率有多高，无论蛋糕房的出品率有多高，卫华始终坚持纯手工打造，并且不买工业化生产出来的糕点馅料。

现在搬迁至鼓楼食坊的老五福点心铺是建于1926年的“中华老字号”，萨其马、三刀、桃酥、哈拉豆、玫瑰饼、桂花饼是他们家的传统点心。没有西式糕点的花哨，简单、朴实、平和。萨其马口感绵柔、细糯，芝麻、青红丝的回味清透、香醇，从超市买的萨其马跟其绝对不能同日而语；玫瑰饼、桂花饼的馅料据说都是用老五福厂区内自己种植的玫瑰花、桂花做的，口感妖娆、柔美，风情万种，既有江南水乡的旖旎缠绵，也有千年古城的雍容厚重，这样丰富的口感岂是一台机器可以“标准”出来的？

但是坚持手工、原生态的制作标准在快节奏的都市生活中，总是显得有些迟缓，产量低，客户群体虽然稳定却应对不了越来越移民化的城市。

2013年，卫华把全美糕点“搬”到了淘宝上，目的是想探索在新的经济形势下，老字号该如何推广、营销。但仅靠自己的力量去维系越来越被边缘化的“传统”，卫华说，她有种独木难支之感。

守护故事三：传统的守护需要传承点

镜头1：开封饮食文化博物馆

2013年的整个夏天，63岁的孙润田都很忙，接待央视《舌尖上的中国》第二季摄制组，接受《新京报》等国内以及海外媒体的饮食专题采访。

作为开封市“小宋城”、“东京梦华苑”项目组的特邀专家，孙润田不仅要到成都等地不断考察，还要准备项目组的论证资料，还有各种饮食文化讲座……

孙润田自己筹建的、坐落于开封城标志性建筑大梁门城楼里的那座开封饮食文化博物馆，在2013年这个夏天，也因为他的繁忙而不断创造着人流新高。

开封饮食文化博物馆是河南省首家民办、公益性质的饮食文化博物馆，2007年开馆。孙润田说，他想“利用博物馆这种形式，让更多人了解并记住我们中国博大精深的饮食文化”。

300平方米的展馆共分为3个部分，第一部分为“寻根溯源，元圣伊尹”，主要介绍“烹饪始祖”伊尹的生平事迹以及他对饮食文化的贡献；第二部分为“问鼎中原，东京梦华”、“佳肴珍馐汇汴京”，主要介绍北宋饮食、民间食俗以及传统名菜、名点、名吃；第三部分为“老号荟萃，悉在庖厨”、“古城名庖灿若星”，主要介绍开封的老字号和名厨等。

此外，还有两个实景，一个是仿宋酒馆，孙润田恢复了宋代脚店的原貌，

左图：开封饮食文化博物馆内，孙润田根据考证复制的宋代脚店一景。

右图：挂在墙上的宋代脚店菜单（俗称：水牌）。

着重展现宋代酒楼茶肆的风貌；另一个是仿民间厨房，孙润田复原了旧时地锅灶使用风箱、土坯墙上挂着“老灶爷”的民间厨房以及灶具、炊具等，展现了开封民间厨房的变迁。

博物馆内，有对3000多年前中国烹饪始祖伊尹的考证，有商代、春秋、宋代、清代的陶炊器、饮器、食器、盛贮器，有以官府菜闻名、把官府菜作为世代传承的五代名厨世家陈氏一门的碎片化记忆，也有经过防腐处理的燕窝、海参、鲨鱼头等各种珍贵烹饪原料……活脱脱就是一部浓缩版的中华饮食大辞典。

在这部“辞典”中，“编纂者”是孙润田，“词条”是食盒、是老号、是名庖，而对“辞典”中“词条”的注解凝聚了孙润田40多年的心血。

镜头2：“老开封”

孙润田，民俗学家，《舌尖上的中国》第二季分集顾问，韩国KBS饮食专题大片《面条之路》和《超级鱼》的中方参与学者之一，河南饮食文化的“活字典”。他是个老开封，家在那条叫了百年的胭脂河街的一个院里，前后住了七辈儿。

孩童时，孙润田时常到离家一拃远的相国寺里玩，蹭戏院去看关灵凤的《三上轿》、王根宝的《反五关》、陈惠秋的《铡美案》；钻书棚去听段绍周的《大宋八义》、纪万春的《薛刚反唐》；扎人堆儿里听石中立、杨宝璋的相声《粥挑子》；看“拉洋片”、“玩把戏”……饿了，跑到寺门口尹家水煎包子铺，听着呼嗒呼嗒的拉风箱声，瞅着锅里像小气蛤蟆似的煎包，闻着香喷喷的味儿，回家。

“‘文革’开始那会儿，到处都在砸‘旧’东西。可从小在这种‘旧’文化氛围中长大的我，怎么可能去破‘四旧’？看着精美的瓶瓶罐罐被砸碎，看着从‘老号’大门头上摘掉的一块块金字大匾被烧掉，看着相国寺山门上的佛像头被捣毁，我心疼！”

1968年，赶上了“上山下乡”，孙润田从学校到了农村的广阔天地里种地、拉粪、教书、唱“样板戏”……三年后返城，被分配到开封市饮食公司。

镜头3：夫礼之初，始诸饮食

在新工人培训班上，饮食公司当时的领导说：“革命工作没有贵贱之分，都是为人民服务的。从我们公司调到首都北京饭店、人民大会堂和驻外大使馆的厨师，还给毛主席、周总理、朱老总做过饭呢！”

于是，孙润田“稀里糊涂地系上围裙，干上了凌晨3点就得爬起来炸油条的活儿。后来，蒸过馍、干过营业员、当过会计、做过保管，还给头儿当过秘书，给报社、电台和杂志写过宣传饮食文化的‘豆腐块儿’……”“再后来，由于工作原因，我走遍了古城的百年老店和大大小小的饭馆，拜访了很多今天提起名字就是近代烹饪史上名角儿的烹饪大师，结识了不少饮食文化专家。百年老店的辉煌历史、大师的绝招绝活儿，令我敬佩，令我仰止。还有那伊尹说汤以至味，赵匡胤巧烹太祖肉，光绪帝驻跸开封，康有为游学汴梁，梅兰芳用膳'又一新'，姚雪垠钟情炸八块……嘿，咱开封的饮食文化那叫'绝'！"

仿佛又回到了孩提时代，坐在相国寺内，听书、看戏，那是怎样的一件妙事啊！

"'夫礼之初，始诸饮食'，'民以食为天'，自古饮食文化乃人间第一大学问。打那时起，我真心爱上了这一行。"

这一爱，从青葱到白头；这一爱，从毛头小伙变成了如今外孙眼中最忙的姥爷；这一爱，就是 40 多年。

镜头 4：爱之深，痛之切

改革开放后，由计划经济逐渐步入市场经济的老百姓的生活，瞬间变得丰富多彩起来，包括吃：那么多的美食，以前只能看别人吃，现在自己也可以吃了。仿佛是要过嘴瘾，那时候，但凡开个饭馆，就能火起来。但吃得多了，见得多了，老百姓的嘴也开始刁了，开始追求更新奇的食材、更离奇的吃法；渐渐地，饭馆的生意不那么好做了，喜欢做饭并把做饭当作乐子、当作事业的厨师越来越少了。

无论吃的人，还是鼓捣吃的人，在吃饱不再是梦想，在不知道怎么吃才好而纠结，和快餐年代追求利益最大化时，开始追求短平快的速度：你以最快的速度做好饭，我以最快的速度吃完饭，饮食的乐趣、文化在短平快的速度中被渐渐抛弃，被渐渐遗忘。

而在这种利益最大化的空间中，在这短平快的速度中，老传统、老字号、老菜品、老厨师就像一夜之间被推倒的“四旧”，被渐渐遗忘，被渐渐封存。

20 世纪 90 年代中期，孙润田就是在这种遗忘和封存中感到了前所未有的痛苦。

开封是七朝古都，饮食文化源远流长，北宋时期，更是“有美皆备，无丽不臻”。由于历史的积淀，开封留下了很多老字号、老招牌，比如“又一新”、“第一楼”、“中兴楼”、“新生饭庄”、“稻香居”、“北京馆”、“雅北饭庄”、“味莼楼”、“小大饭庄”等。

其中民国时期雅北饭庄的创办者宋登科，是末代皇帝宣统的御厨之一。当年，“宣统皇帝御膳房的大师傅很多，最有名的有两位，一位叫郑大水，一位就是宋登科……这两位师傅每顿只做几样菜，都要有他们自己签名的银牌做标记。”

宋登科是长垣县三清观村人。1924 年，宋登科趁冯玉祥逼宫顺利出逃，凭借出宫时带出的《八马图》和几十块现洋在开封书店街经营开封第一家冰激凌店。一年后，重操旧业，在南书店街开设雅北饭庄，门庭若市，生意十分兴隆。

又一新饭店原名又一村饭庄，创建于清光绪三十二年（1906 年），曾接待过周恩来、马歇尔、蒋介石、张学良、杨虎城、李宗仁、顾祝同、白崇禧、冯玉祥、宋哲元、梅兰芳、康有为等政界要人和社会名流。周恩来陪同联合国官员视察黄河，蒋介石到开封召开军事会议，梅兰芳到汴赈灾义演，也都要请“又一新”的大师傅做菜。作为“正宗豫菜第一家”、“豫菜的黄埔军校”，1949 年以后，“又一新”为新中国培养、输送了一大批顶级烹饪大师。可以说，无论是钓鱼台国宾馆、人民大会堂，还是中国对外大使馆，都有“又一新”的烹饪理念。

一个老字号，就是一部历史；一个老字号，就是一种文化符号；一个老字号，就是一座博物馆。

1956年，又一新饭庄实现公私合营，职工代表到开封市工商联报喜。

所以，痛苦之后的孙润田开始用自己的方式呼吁保护老字号，弘扬传统饮食文化。

镜头5：为了不再忘却

在著名学者聂凤乔的鼓励下，孙润田启动了《开封名菜》的编撰工作，一大批烹饪名家、饮食文化专家组成一支权威的编撰队伍，豫籍著名作家李準为该书题写了书名，年近九旬的姚雪垠老人还从北京托人带来亲笔题词。

1996年12月，一部系统介绍600多个开封名菜，集实用性、知识性、趣味性于一体的《开封名菜》与世人见面。有专家评论说，《开封名菜》是继《东京梦华录》之后，反映中原饮食文化最为全面的一部著作。

此后，他把多年的研究成果梳理成文，在《人民日报》、《中国烹饪》以及香港《文汇报》等知名刊物上介绍开封饮食文化；参与主编《开封饮食志》和编撰《中国烹饪百科全书》等有关条目；主编《伊尹与开封饮食

北宋东京（开封）民间节日文化与食俗，
把城乡民众，皇亲国戚，僧道尼徒，国内外宾朋调动起来，
繁荣了市场，丰富了饮食文化。盛大节日27个，
平均13.5天有一个节日，节食、节物，节节不同，各具特色，
这些节日大多源于或兴于北宋，大部分延续至今。

北宋东京（开封）民间节令饮食便览

节令	日期	主要饮食	赋予的含义
立春	阳历二月四日 二月五日	春饼、春卷、馒馅（包子）[illegible]、[illegible]冷淘（[illegible]）	"咬春"春萌动，农事兴
春秋二社（春社日、秋社日）	（春）立春后第五戊日 （秋）立秋后第五戊日	社糕、社酒、社饭、社粥、社肉、辣鸡脔、[illegible]	春社：祭土地祈丰收 秋社：春祀秋收，酬谢土地神
元旦（春节）	阴历正月初一日	年糕（黏糕）	"年与黏"、"糕与高"谐音，寓意：年年官位高升，儿孙高长，老人高寿，阖家高福
人日（送穷日）	阴历正月初七日	面茧（面蛹）	人日造面茧，祝阴德，以祈消灾送穷
元宵节	阴历正月十五日	元宵、焦[illegible]（油炸元宵）	月圆夜祭月，食煮浮圆子（元宵）
中和节	阴历二月初一日	太阳糕	太阳生日，分吃祭太阳星君"神余"
龙抬头	阴历二月初二日	龙须面（细面条）	细长之面喻为龙须，祝福吉祥长寿
老鼠打[illegible]日	阴历二月初二日	冷淘（凉粉）	祝贺"添仓"，象征填仓，丰衣足食
上巳节	阴历三月初三日	[illegible]	河边野餐，[illegible]，曲水流觞，曲水浮素卵（鸟崇拜）
寒食节	清明节前一、二日	子推燕、枣[illegible]飞燕（枣花、枣山）油散（馓子）	纪念介子推，寒食禁火
清明节	阳历四月五日（或四日、六日）	[illegible]、炊饼、麦糕	俗称"鬼节"，借供品"扫墓"
东岳庙会	阴历三月二十八日	鸡肉团子、[illegible]、酥饼	欢欢喜喜逛庙会，品尝特色食品
浴佛节	阴历四月初八日	糕糜、[illegible]馒馅（包子）	佛祖生日，信徒吃"糕糜"
端午节	阴历五月初五日	粽子（角黍）油[illegible]（馓子）、[illegible]肉	驱虫除害，去病消灾，角黍祭屈原
[illegible]节	阴历五月十三日	全羊、全牛、全猪	祭祀关公，每年是日有雨，俗称"关公磨刀雨"
天贶节	阴历六月初六日	炒面	钦定节日，皇家赐[illegible]"炒面"沸水冲炒面，可祛火明目，养胃防[illegible]
七夕（巧）节	阴历七月初七日	乞巧果（各色果子）	牵牛星与织女星鹊桥相会，少年好拜双星，并乞巧
中元节	阴历七月十五日	稷米饭、花馅饼	祭祖日，俗称"鬼节"，"稷"也作"[illegible]"五谷之长，谓"谷神"
中秋节	阴历八月十五日	月饼、花生、毛豆	分吃祭月"神余"，象征全家团圆
重阳节	阴历九月初九日	重阳糕、食禄糕、万象糕、菊花酒	登高吃"糕"取年年增高，登高饮酒[illegible]避邪
祭祖节	阴历十月一日	生鸡、生鱼、生肉	是日入冬之始，为过世先人备冬贮粮，上坟祭奠
暖炉会	阴历十月一日	烤肉块（太祖肉、御烤肉）	取咬破浑沌，开辟天地之意
冬至节	阳历十二月二十一日或二十二、二十三日	角饵、角子（饺子）	此日要易新衣，备办饮食享祀先祖
腊八	阴历十二（腊）月初八日	腊八粥、八宝粥	借佛祖成道日，取与佛共同得道之意
祭灶	阴历十二（腊）月二十三日	祭灶糖（胶牙饧）麻糖	分吃送灶"神余"
除夕	阴历十二（腊）月三十日	馄饨、[illegible]（均为饺子）	岁除，家庭会饮，团圆

开封饮食文化博物馆内的"北宋东京（开封）民间节令饮食便览"是孙润田多年的研究成果之一。

文化》、《风味小吃》、《清真菜谱》，并整理出开封老字号387个；参与主持研发仿宋菜和包公宴，打算将伊尹"五味调和说"申报世界非物质文化遗产……

除此之外，他还拿出了自己的全部积蓄，筹建了开封饮食文化博物馆。他说，他的执着来自于热爱，他的坚守是为了让今天和后世的中国人不再忘却。

守护故事四：在困境中守护

镜头 1：套四宝

今天，你在开封品尝到的一切美食不仅源于皇城根儿的历史，还源于每一位在这座曾经伟大的城市中坚持梦想并乐于传承的烹饪大师。开封美食就是在他们的手中成了生活智慧和世道人心的结合体，丰厚、博大、精深。

开封陈氏官府菜是河南官府菜最重要的代表流派，陈氏名厨世家是目前国内仅存的传承五代、绵延百年的官府菜厨师世家，是河南宝贵的饮食文化资源。

“套四宝”是陈氏官府菜创始人陈永祥在传统豫菜“日月套三环”（将鸡装入鸭，将鸭装入冬瓜。因鸡是白天下蛋，鸭是夜间下蛋，故而称“日月”）的基础上加以改进而来的，集鸭、鸡、鸽子、鹌鹑于一体，四禽层层相套形体完整，皮酥而不破，肉烂而成形，最令人称奇的是全身没有一根骨头，是陈氏官府菜的经典代表菜品。

套四宝制作费工费时，最复杂的是剔骨，需要从颈部开口，将骨头与五脏六腑剔出，剔出的骨架要一块肉都不留，鹌鹑剔骨后背脊薄如麻纸而不破，装水也不漏，犹如艺术雕刻。1983 年，陈氏百年官府菜第三代传人陈景和在北京表演这道菜时，曾引起业内极大轰动。

如今，这道代表着豫菜经典的套四宝以及开封市非物质文化遗产项目“百年陈家菜”技艺传承人陈伟都被河南鲁班张餐饮有限公司董事长张书安当作“宝贝”收请在他的公司里。

镜头 2：红烧黄河鲤鱼

被张书安当作宝贝供着的还有一位 70 多岁却依旧每天手不离勺、坚持站灶的开封籍豫菜名家陈进长。

1960年，上不起学堂的陈进长被送进了开封饮食技术学校烹饪班学习，师从豫菜一代宗师黄润生。黄润生就是那位因一道“煎扒鲭鱼头尾”而享誉大江南北的豫菜大师、著名烹饪教育家。陈进长说：“先生幼年读过私塾，颇通文墨。1949年以后，他把主要精力放在了烹饪的传承教育上，年近七旬，还依然手把手教弟子们灶上功夫，对烹饪的执着和热爱可谓‘春蚕到死丝方尽，蜡炬成灰泪始干’。先生的这个态度对我的影响非常大。”

后来，陈进长又跟随苏永秀、赵廷良两位豫菜宗师学艺，是陈氏官府菜第三代传人陈景和的得意弟子。

少小离家、举目无亲的生活经历让陈进长对历任恩师都有着一种亲人般的依恋，这种依恋不仅使得陈进长成为恩师们最得意的弟子之一，这种经历也使得陈进长一生研发的每一道菜品，都在家常与传统中透着一股子浓浓的乡情、亲情，浓得让你躲不掉、走不开，直击人们心灵深处对温情的渴望。

70多岁还坚持上灶的烹饪大师陈进长（中），左一为张书安

以润物细无声的方式、以豪华落尽见真淳的格调凸显情感诉求，从舌尖的层次更迭中品味出世道人心，正是中国烹饪最厉害的地方，也可以说是中国烹饪的最高境界。

20世纪80年代初，已经成为豫菜名家的陈进长被调入郑州，任国际饭店厨师长，主要负责政府重大外事接待任务。1985年，陈进长应邀赴香港世界贸易中心进行烹饪表演一个月，结果，他做的鲤鱼焙面、桶子鸡、烧鲍鱼、柴把鸭、少林罗汉斋等传统豫菜在香港火了一个月。

2008年7月，亲身经历豫菜由辉煌转入落寞的陈进长，结合开封当地一道家常红烧鱼的做法，把黄河鲤鱼改良成了一道上得厅堂、下得厨房的大众菜“红烧黄河鲤鱼”，不仅挽救了豫菜的落寞，也令曾经在中国烹饪史上留下千古传奇的黄河鲤鱼得以“翻身”。

镜头3：好人张书安

2014年底，退休后曾被聘为“鲁班张”技术总监的陈进长告诉我一个小秘密：“2013年底，由于身体原因，我已经从‘鲁班张’退居为顾问了，可人家张书安直到现在还每月给我发着工资呢。这些年，他不光对我，对我们这些老师傅们都好得很。”陈进长边说边竖起了大拇指。

“鲁班张”现任技术总监陈伟，正是因为“张书安是个厚道人”而来到“鲁班张”的。出身五代名厨世家，做过五星级酒店行政总厨，后来自己也当过酒楼老板的陈伟说：“从七年前开始，除了平时的探望外，每年中秋节、春节，张书安都带着礼物和红包去看望几位古董级大师；谁家有困难，他都会帮忙。在省内，能从行动上做到尊重饮食文化的老板不多。我就是因为他的这份尊重才来‘鲁班张’的。”

其实，张书安最初开饭馆只是为了果腹，对于饮食文化的了解，是在跟吃打了十几年的交道后，在得以跟河南数位古董级烹饪大师、饮食文化学者相识、相交后，才逐步深入并产生敬畏之心的：原来中国人的吃，这么博大精深。“以前炒菜时，只知道按照规律应该这么搭配、这么炒才好吃，但并不知道这些规律是前人经过上百年、上千年跟大自然对话的结果，是中华民族生活智慧和哲学思想的总结；以前，只知道妈妈做的家常菜最好吃，可现在才明白它为什么好吃，那是因为这菜里面有深深的情感。”

张书安爱上了吃背后的这份厚重。因为这份爱，他也发现了一个问题：陈进长大师让黄河鲤鱼翻了一次身，可大师自己不仅没有因此发家致富，更没有得到与他技术、声望相对等的社会地位；那一批生在民国、长在红旗下的烹饪名家们，曾经是开封乃至河南省的骄傲和文化标签，可如今，为什么只有在诸如“复兴豫菜”的场合上，这些大师才被人想起来并仅是站个台？大师们的高超技艺达到一个时代的巅峰，巅峰背后是丰富经验的厚重支撑。大师渐渐老矣，他们的经验会不会也随着大家的淡忘而渐渐被这个时代忘却了呢？他想做点实际的事儿，为这个民族曾经的辉煌守护那么一点骄傲。

于是，就有了他对70岁还上灶的陈进长大师的照顾、保护，就有了他对陈伟、对套四宝等宝贝的“收罗”。

镜头4：传统的守护需要政府的扶助

但张书安心里也有很多说不出的“痛”。

从2012年底至今，中国餐饮市场正经历着自改革开放后最大的一场变革。这场变革既是对现有餐饮市场的一次反思、修正和调整，同时也意味着洗牌。在这场变革中，一些企业倒闭了，没有倒闭的那部分企业中也有不少在苦苦挣扎、适应、调整。

“鲁班张”就属于苦苦挣扎着的那拨餐饮企业中的一员。不得已，裁员，从原来的上千名员工裁减到现在的八九百人；不得已，把曾经的中高档消费降低到现在的大众消费……但对大师们的照顾、关心，张书安却并没有因此而缩减半分。只是，面对时局，他时时会有举步维艰、孤掌难鸣之感，因此，他希望能有更多的人和企业加入到守护队伍中来，“这么好的东西不能就在咱们这一代人手中丢喽”。

河南省非物质文化遗产专家委员会一位专家认为，传统的守护在市场经济的冲击下，已经变得越来越艰难。仅靠个人或者某个家族、某个企业的力量，是远远不够的，需要政府给予一定的扶助、支持。举例来讲，老北京的护国寺小吃、稻香村的点心，就是因为有了北京市政府的一系列保护措施，才有了今天的局面。

开封是七朝古都，北宋皇城时饮食业的繁盛和饭店业的形成，至今在世界历史上都有着重大意义。在西方人的眼里，开封饮食和饭店业在那个时代的辉煌令他们感到神奇和不可思议。这样充满魅惑的一个城市，它的饮食文化就代表了它的历史。“如果很多传统技法就止于此，将是一个城市、一个民族的损失和缺憾。”

参考文献

〔美〕罗兹·墨菲著、黄磷译：《亚洲史》，世界图书出版公司，2011 年版。
〔日〕原田信男著、周颖昕译：《日本料理的社会史》，社会科学文献出版社，2011 年版。
《中国烹饪百科全书》编辑委员会、中国大百科全书出版社编辑部编：《中国烹饪百科全书》，中国大百科全书出版社，1992 年版。
班固著、颜师古注：《汉书》，中州古籍出版社，1991 年版。
北京编译社译：《今昔物语集》，人民文学出版社，2008 年版。
毕沅编著：《续资治通鉴》，上海古籍出版社，1987 年版。
蔡絛：《铁围山丛谈》，中华书局，1991 年版。
陈元靓编：《岁时广记》，商务印书馆，1939 年版。
程蔷、董乃斌：《唐帝国的精神文明——民俗与文学》，中国社会科学出版社，1996 年版。
崔寔著、石声汉校注：《四民月令校注》，中华书局，1965 年版。
杜甫：《杜工部集》，岳麓书社，1989 年版。
杜金鹏、王学荣主编：《偃师商城遗址研究》，科学出版社，2004 年版。

段成式著、方南生点校：《酉阳杂俎》，中华书局，1981 年版。
费振刚、胡双宝、宗明华辑校：《全汉赋》，北京大学出版社，1993 年版。
傅乐成：《中国通史》，中信出版社，2014 年版。
葛洪：《西京杂记》，中华书局，1985 年版。
韩德三、陈雨门：《汴梁琐记》，河南人民出版社，1986 年版。
洪应明：《菜根谭》，天津古籍出版社，2003 年版。
忽思慧著、刘正书点校：《饮膳正要》，人民卫生出版社，1986 年版。
胡仔：《苕溪渔隐丛话后集》，人民文学出版社，1980 年版。
桓宽：《盐铁论》，上海人民出版社，1974 年版。
皇甫谧：《帝王世纪》，中华书局，1985 年版。
黄纯艳：《论北宋蔡京经济改革》，《上海师范大学学报》2002 年第 5 期。
黄怀信：《尚书注训》，齐鲁书社，2002 年版。
贾思勰：《齐民要术》，中华书局，1956 年版。
金盈之：《新编醉翁谈录》，江苏广陵古籍刻印社，1981 年版。
孔安国传、孔颖达正义：《尚书正义》，上海古籍出版社，2007 年版。
李昉等编：《太平广记》，团结出版社，1994 年版。
李光庭：《乡言解颐》，中华书局，1982 年版。
李国文：《宋朝的夜市——这才开始了全日制的中国》，《同舟共进》2011 年第 1 期。
李林甫等著、陈仲夫点校：《唐六典》，中华书局，1992 年版。
李时珍：《本草纲目》，中国中医药出版社，1998 年版。
李焘著，上海师范大学古籍整理研究所、华东师范大学古籍研究所点校：《续资治通鉴长编》，中华书局，1995 年版。
李正权主编：《中国米面食品大典》，青岛出版社，1997 年版。
林洪著、乌克注释：《山家清供》，中国商业出版社，1985 年版。
刘若愚：《酌中志》，北京古籍出版社，1994 年版。
刘义庆著，杨牧之、胡友鸣选译：《世说新语》，浙江古籍出版社，1986 年版。
刘禹锡：《刘禹锡集》，上海人民出版社，1975 年版。
陆游：《陆游集》，中华书局，1976 年版。

罗大经：《鹤林玉露》，上海书店出版社，1990 年版。
罗烨编：《醉翁谈录》，古典文学出版社，1957 年版。
梅尧臣著、夏敬观选注：《梅尧臣诗》，商务印书馆，1940 年版。
孟元老：《东京梦华录》，中州古籍出版社，2010 年版。
欧阳修等：《新唐书》，中华书局，1975 年版。
潘建荣主编：《商汤伊尹文化概览》，中国文史出版社，2011 年版。
潘永因编：《宋稗类钞》，书目文献出版社，1985 年版。
彭大翼：《山堂肆考》，上海古籍出版社，1992 年版。
邱庞同选编：《烹饪史话》，中国商业出版社，1986 年版。
人民文学出版社编辑部：《汉魏六朝诗歌鉴赏集》，人民文学出版社，1985 年版。
任万明、王吉怀、郑乃武：《1979 年版裴李岗遗址发掘报告》，《考古学报》1984 年第 1 期。
阮葵生：《茶余客话》，上海古籍出版社，2012 年版。
史游：《急就篇》，岳麓书社，1989 年版。
司马迁：《史记》，中华书局，1959 年版。
宋镇豪：《夏商社会生活史》，中国社会科学出版社，1994 年版。
苏轼：《苏东坡全集》，珠海出版社，1996 年版。
孙润田、赵国栋主编：《伊尹与开封饮食文化》，作家出版社，2004 年版。
太平惠民和剂局编、刘景源点校：《太平惠民和剂局方》，人民卫生出版社，1985 年版。
陶穀著、李益民等注释：《清异录（饮食部分）》，中国商业出版社，1985 年版。
脱脱等：《宋史》，中华书局，1977 年版。
王利器疏证、王贞珉整理、邱庞同译注：《吕氏春秋本味篇》，中国商业出版社，1983 年版。
王玲：《中国茶文化》，中国书店，1992 年版。
王梦鸥注译：《礼记今注今译》，天津古籍出版社，1987 年版。
王明清：《挥麈录》，上海古籍出版社，2012 年版。
王士雄：《随息居饮食谱》，人民卫生出版社，1987 年版。
王学泰：《中国饮食文化史》，中国青年版出版社，2012 年版。

王栐：《燕翼诒谋录》，中华书局，1981年版。
吴普等述、孙星衍等辑：《神农本草经》，科学技术文献出版社，1996年版。
吴自牧：《梦粱录》，浙江人民出版社，1980年版。
徐仁甫：《左传疏证》，四川人民出版社，1981年版。
徐松辑：《宋会要辑稿》，中华书局，1957年版。
徐渭：《青藤书屋文集》，中华书局，1985年版。
徐文兵：《字里藏医》，安徽教育出版社，2007年版。
许慎：《说文解字》，中华书局，1990年版。
杨小敏：《蔡京、蔡卞与北宋晚期政局研究》，中国社会科学出版社，2012年版。
姚伟钧、刘朴兵、鞠明库：《中国饮食典籍史》，上海古籍出版社，2012年版。
叶梦得：《避暑录话》，中华书局，1985年版。
伊永文：《行走在宋代的城市》，中华书局，2005年版。
袁褧：《枫窗小牍》，中华书局，1985年版。
岳珂：《玉楮集》，上海古籍出版社，1987年版。
张潮：《幽梦影》，江苏古籍出版社，2001年版。
张海林：《案俎集文》，香港文汇出版社，2014年版。
张涛：《列女传译注》，山东大学出版社，1990年版。
张宇光主编：《中华饮食文献汇编》，中国国际广播出版社，2009年版。
赵佶：《大观茶论》，中华书局，2013年版。
赵翼著，栾保群、吕宗力校点：《陔余丛考》，河北人民出版社，1990年版。
赵幼文：《曹植集校注》，人民文学出版社，1984年版。
郑玄注、贾公彦疏：《周礼注疏》，上海古籍出版社，1990年版。
中共中央文献研究室、中共湖南省委《毛泽东早期文稿》编辑组编：《毛泽东早期文稿 1912.6—1920.11》，湖南出版社，1990年版。
周密：《武林旧事》，浙江古籍出版社，2011年版。
宗懔著、宋金龙校注：《荆楚岁时记》，山西人民出版社，1987年版。

后　记

用五年的时间记录了一件好玩的事儿，痛并快乐的情绪如滔滔江水绵绵不绝。

从渔、猎、采、集、牧到农耕文明，从巫到医，从观察星象进而总结出跟农耕相关的节气，以指导农事活动获得更多的食物，其间中国古人至少经历了数千年甚至上万年与大自然的对话和感悟。在享受大自然馈赠的同时，古人不仅意识到食物是大自然对人类的恩赐，也从大自然的伟大与诡谲中意识到食物的来之不易，由感恩而心生敬畏，敬畏土地、敬畏生命、敬畏自然。

食物的重要性体现在古代社会生活的方方面面：称江山为“社稷”，“社”是指土地神，祭土地神的地方、日子、祭礼也叫“社”，“稷”是指谷神，古代以稷为百谷之长；“钟鸣鼎食”、“脍炙人口”、“莼鲈之思”这些成语的源起哪一个都离不了吃；我们今天常用到的“饕餮”二字，本是个人名，是黄帝时期缙云氏的儿子的名字，他由于贪于饮食、穷奢极侈，被古人视为反面人物，常以面目狰狞、有首无身的恶兽形象出现在钟鼎彝器上，目的是为了告诫进食者不可浪费，不可暴殄天物。

今日之盖浇饭，早在周代就已经有了雏形，且为“周八珍”之一；今人只知日式生鱼片，却不知在中国古代，中国人的生鱼片蘸料就有了春天要食葱姜酱，夏天要食白梅蒜酱，秋天要食芥子汁（芥末汁），冬天要食橘蒜酱之分。

今人所食包子、果子，均演变了近千年才逐渐形成、完善，并在北宋时期有了统一的名称；今天中国人所吃的面条，源于战国时期用麦子面粉制作的“饼”，至今已有 2000 多年历史，是中国年龄最长的食物之一。

而中华饮食之所以进步到“为文明各国所不及”，还有“四五”配膳之道、“中”与“和”之哲学理念，更有人情世故、情感纠葛和生活智慧。

“但这些食物背后的故事已经鲜有人知。中华民族曾引以为傲的饮食传统文化、历史，很多都被国人忘却了。见证、讲述食物背后的故事、真相，并把这些碎片化的记忆梳理成册，呈现给今天的中国人，带给大家不一样的食物味道，为我们这个多灾多难却宽容伟大、坚忍不拔的民族多记录、留存一些宝贵的精神财富，是一家媒体应有的社会担当。”这就是河南商报社社长孟磊、总经理牛振林、总编辑关国锋共同策划大型系列报道《味道河南》的初衷，也是《食林广记》之所以能够结集成册的缘由。

这本书的最终完成，还要感谢很多专家、前辈、朋友。

天水师范学院杨小敏教授、郑州大学赵海洲教授以学者的严谨态度，从专业角度，提出了诸多修改意见，订正了本书许多疏漏之处。

《焦作日报》原编辑部主任、总编辑助理张国柱先生是我的授业恩师，当初我做新闻一版编辑的时候，四、六、八、十二字对仗工整的标题，都是他手把手教我的。先生人品、学问，都是我辈之楷模。我整理书稿时，正是他坐骨神经痛发作阶段，不能坐，但他不仅用一个月的时间看完了 20

多万字的书稿，而且很认真地标出部分章节中的别字、病句并指导我正确解读古文。

翁彦柯是我最幽默的一位前同事，没有之一。博闻强识、善掉书袋，别人高谈阔论时，他通常已经陷入了“走在人生边上”的思考中。对于文字，他有着近乎偏执的挑剔。整理书稿时，他自然是最佳评论员。感谢他对本书每一篇文字的认真推敲。

孙润田，民俗学家、《舌尖上的中国》第二季分集顾问、开封饮食文化博物馆馆长。他不仅是本书每一篇文章的第一读者，也是第一书评人，本书的很多历史资料图片来自他老人家的无偿提供。

由于本书涉及历史、文化等方面的考证较多，所以，需要查阅大量古文献。如果没有河南省图书馆申少春副馆长为我提供的电子图书馆阅览便利，我是不可能在规定时间内完成那么大的考证、查阅工作的。

河南商报社影像新闻部记者侯建勋、张郁、邓万里、刘鸿翔担当本书图片的主要摄影，还有部分图片来自各方亲友无私的支持、提供，在此一并表示感谢！

马红丽

2016 年春